NUMBER SEARCH PUZZLE BOOK

```
3 8 8 2 7 8 7 6 5 6 2 6 3 8 5 0 3 4 7 1
7 4 2 2 5 6 9 4 8 5 8 5 2 9 4 1 0 4 0 8
5 5 4 7 9 7 9 5 8 7 4 7 3 7 3 3 9 4 3 2
6 3 9 4 5 0 7 4 4 0 3 5 2 3 3 4 7 8 6 2
4 9 5 7 9 4 6 0 8 9 2 6 6 1 0 3 4 3 6 3
6 8 9 7 0 6 3 7 6 7 6 7 1 9 1 4 1 3 0 4
9 1 4 0 7 1 5 0 7 8 8 5 7 7 9 5 2 9 0 8
5 3 0 5 5 7 4 9 5 0 7 0 9 9 2 5 0 4 4 9
2 9 5 4 2 1 7 0 1 1 1 5 0 6 4 6 4 4 0 1
4 9 5 9 4 4 1 9 6 0 0 3 3 4 4 6 3 6 9 9
7 0 0 6 4 2 0 2 7 1 8 6 9 5 2 5 5 9 4 5
1 1 8 6 1 2 7 9 7 9 4 1 0 6 3 7 6 7 7 9
0 6 2 7 4 3 6 6 1 3 6 7 1 1 1 8 3 4 9 9
7 5 0 0 0 6 3 4 6 9 6 0 2 5 1 7 7 3 8 1
1 7 3 7 0 8 4 3 5 0 8 9 9 2 2 4 2 3 9 0
9 4 4 4 1 1 7 5 2 6 6 1 3 7 3 7 2 5 3 3
3 6 9 2 9 0 9 6 5 6 0 6 7 6 7 2 9 2 6 4
  6 3 5 8 3 6 4 1 6 9 4 7 7 2 5 7 2 5
    6 7 4 6 6 7 4 2 3 3 4 6 6 0 3 3 4
    3 2 1 5 4 2 2 4 8 9 5 9 2 3 5 3 4
```

EASY
TO
HARD

LARGE PRINT PUZZLES
FOR ADULTS AND SENIORS

THIS BOOK
BELONGS TO

_____

Disclaimer Notice:
Please note that the information contained within this document
is for educational and entertainment purposes only. Every effort
has been made to present accurate, up-to-date, and reliable in-
formation. However, no warranties of any kind are declared or
implied. Readers acknowledge that the author is not engaging in
the rendering of legal, financial, medical, or professional
advice. The content within this book has been derived from vari-
ous sources. Please consult a licensed professional before at-
tempting any techniques outlined in this book.

ABOUT US

Puzzlemania is a young and small publishing brand that offers a wide range of books for readers of all ages. Our collection includes number search books, number pyramids, maze puzzle books, and word search books that cover a variety of topics and themes. We strive to create books that cater to your needs, whether you're looking to relax, heal, or learn something new. Our motto is to spread cheerfulness, joyfulness, and liveliness through our books.

We would love to hear your feedback on our books. If you enjoyed reading them, please leave us a positive review on Amazon. Your support is our greatest motivation to continue creating books that you'll love.

scan me, please!

INTRODUCTION

Welcome to the world of number search puzzles, where you can test and improve your skills of observation, concentration, focus, and logic. Number search puzzles are like word search puzzles, only the grids are filled in with numbers and not letters.

How to play

- Each puzzle has a list of numbers that you need to find in the grid. The numbers can be of any length, from two digits to ten digits or more.
- The numbers can be hidden in any of the eight directions: horizontal, vertical, diagonal, or backward. They can also overlap with each other, so be careful not to miss any.
- To mark a number, you can circle it, highlight it, or cross it out. Just make sure you can still read the digits.
- When you have found all the numbers in the list, you have solved the puzzle. Congratulations!

Tips and tricks

- Start with the longest numbers first, as they are easier to spot and eliminate.
- Look for patterns in the numbers, such as repeated digits, sequences, or multiples.
- Use a pencil or an eraser if you are not sure about a number, or if you make a mistake.
- Have fun and enjoy the challenge!

You can find the answers to the puzzles at the end of the book.

We hope you enjoy this book of number search puzzles, and that you find them both entertaining and stimulating. Happy puzzling!

```
5 2 9 4 8 3 7 5 3 5 2 9 2 2 2 9 6 2 2 2
1 5 8 0 1 8 7 1 8 3 5 2 9 1 7 4 9 1 9 7
0 4 4 9 6 0 4 9 4 7 5 9 4 2 5 0 8 1 0 3
9 1 5 7 7 9 3 6 5 7 7 5 9 4 6 1 9 7 1 4
2 2 7 6 7 0 4 6 0 5 7 0 9 0 4 2 1 8 2 7
3 2 9 1 1 6 5 9 5 9 5 4 7 3 3 9 4 5 1 8
7 9 2 8 2 6 8 2 2 4 0 3 8 3 7 1 2 7 2 8
0 1 5 1 2 3 2 7 4 8 1 3 3 6 2 4 2 0 0 2
6 8 7 9 7 9 1 4 6 1 6 5 1 5 8 8 9 4 9 3
6 9 4 6 4 0 7 0 8 5 1 6 2 0 6 5 5 0 5 8
0 2 5 3 3 6 4 6 7 5 5 3 8 8 3 4 8 4 6 8
9 7 2 8 5 9 9 2 5 7 4 1 4 2 4 1 3 7 4
2 8 6 1 4 5 1 7 2 1 0 2 3 9 3 4 9 9 8 9
6 5 1 5 4 4 0 7 6 7 3 5 9 5 0 8 4 4 1 9
7 4 4 5 7 9 7 1 4 7 8 5 9 1 9 3 6 2 7 0
5 2 7 7 2 6 5 2 0 2 4 1 7 5 0 9 2 7 8 3
5 3 0 6 9 5 4 8 7 4 1 5 0 6 1 1 8 1 9 0
6 5 3 1 7 0 3 1 4 8 5 0 4 3 7 2 6 7 5 3
5 7 0 8 1 9 7 4 3 6 1 8 4 5 7 8 9 2 4 9
9 7 8 8 1 0 6 6 9 4 1 8 3 6 4 9 7 9 7 6
```

NUMBERS TO FIND

1023	252148	71835
43013	6390	557646
728599	43146	6922
5229	598718	37490
67556	6484	605147

```
0 3 9 3 2 9 3 9 3 6 0 9 7 6 3 3 1 3 6 8
6 8 7 3 5 9 0 6 7 9 6 1 4 6 8 3 5 1 4 1
2 1 2 8 3 6 3 7 5 8 8 0 0 2 4 8 8 5 5 9
4 7 9 6 8 5 6 0 9 2 1 8 0 9 9 8 5 0 0 2
8 5 7 4 5 3 3 5 1 4 2 5 7 8 0 8 2 9 2 7
1 3 7 6 2 2 3 4 2 2 6 0 3 3 6 2 5 6 6 2
9 4 0 8 5 5 1 3 1 0 6 3 1 7 3 7 2 3 4 4
6 3 6 7 9 3 2 8 4 6 6 6 1 7 1 5 2 7 0 0
4 6 4 6 2 6 1 0 2 1 1 7 7 6 2 2 3 5 8 6
7 1 0 3 1 0 0 8 6 9 7 9 9 4 9 3 8 7 8 1
8 7 6 0 0 3 6 2 3 6 3 5 9 1 0 0 9 8 9 5
8 3 3 0 2 5 0 3 2 0 7 4 8 1 4 1 8 2 2 2
9 4 1 6 1 1 5 4 6 2 5 2 1 6 0 4 5 4 3 9
2 1 2 3 3 6 0 9 2 4 4 9 8 6 6 9 8 9 8 1
3 3 9 4 1 6 3 1 7 9 9 6 4 8 7 8 2 3 0 6
1 5 4 4 9 6 0 5 4 1 2 5 7 6 2 8 3 3 8 7
1 6 0 2 2 8 4 0 9 5 3 5 6 6 0 8 5 8 6 8
6 0 6 1 0 9 3 8 1 0 9 2 6 6 1 1 7 1 9 8
4 5 9 9 6 2 7 1 9 0 0 1 9 2 0 3 5 7 5 9
9 1 1 1 7 3 5 2 9 2 5 7 0 1 1 9 3 1 3 0
```

NUMBERS TO FIND

1943	128363	62833
52301	7619	665263
625115	32314	4327
6343	706953	22206
76621	5660	454942

PUZZLE #3 | DIFFICULTY: EASY

```
2 0 3 8 5 2 9 8 1 3 1 7 0 8 3 3 5 7 6 0
9 7 9 6 2 3 2 2 9 8 4 8 8 1 4 5 9 4 8 2
9 4 0 4 1 7 3 9 6 8 1 6 1 9 0 8 7 8 8 8
2 3 6 3 6 1 0 2 8 2 5 4 0 5 8 0 3 0 0 3
3 2 6 6 3 0 7 6 7 9 9 5 4 0 1 2 9 6 6 9
8 0 8 1 1 9 9 6 7 0 3 7 3 9 5 5 0 7 8 2
4 1 5 6 1 7 4 5 6 3 6 8 2 9 1 2 5 6 7 9
5 4 4 2 0 9 8 0 5 6 1 1 2 4 8 5 7 8 7 3
8 0 7 8 8 5 8 5 6 7 8 5 4 4 8 9 5 7 2 7
3 2 3 2 2 3 6 5 7 2 1 5 4 0 8 7 1 8 5 8
5 7 0 9 2 4 1 8 1 6 3 5 9 0 4 0 8 6 8 7
8 9 4 7 7 2 4 2 1 6 8 7 6 2 6 5 6 5 6 8
5 3 1 8 5 5 4 3 8 1 3 3 7 2 7 1 9 4 2 1
3 4 6 4 5 9 9 2 7 2 5 9 3 4 9 9 3 6 0 7
1 9 6 0 2 6 3 4 8 7 3 3 7 4 4 6 7 2 6 1
8 5 7 2 8 4 5 6 4 9 2 8 4 6 6 7 9 3 6 1
9 0 6 0 4 7 9 5 4 6 5 6 0 7 5 0 1 5 4 4
5 1 7 9 1 3 2 2 9 2 0 5 3 1 5 1 0 2 5 2
0 3 0 3 2 6 7 2 7 1 5 5 7 2 3 0 1 6 8 0
7 8 5 6 8 6 0 0 1 8 5 0 8 8 2 7 7 4 3 4
```

NUMBERS TO FIND

2863	260177	53831
61589	8848	772880
521631	21482	1732
7457	815188	44002
85686	4836	304737

```
0 5 1 7 5 8 6 7 0 5 0 7 5 9 1 1 7 2 9 8
4 8 4 7 3 5 4 9 3 6 9 6 0 2 5 9 3 1 6 8
9 5 1 2 7 2 8 4 4 1 8 9 7 5 1 3 0 3 2 2
4 7 8 9 8 9 5 0 5 5 4 8 5 8 3 9 4 2 0 4
6 1 8 7 1 8 3 8 9 4 6 1 9 2 7 4 9 6 7 3
5 3 3 6 9 2 0 8 9 0 8 6 7 3 1 6 1 9 5 9
4 0 9 0 9 0 4 3 6 8 4 0 1 2 4 5 9 3 7 1
3 8 7 4 1 1 7 1 5 9 0 2 6 5 7 0 8 9 2 2
8 9 2 3 9 4 9 7 8 2 4 8 2 4 8 5 3 7 8 3
8 7 5 1 3 0 1 9 6 5 4 4 9 6 8 5 1 8 4 6
2 5 5 6 0 5 9 9 2 8 7 2 7 0 4 5 0 5 1 5
8 4 0 2 6 6 5 4 2 2 4 3 6 3 5 8 7 5 9 6
7 7 8 0 7 5 5 2 1 8 3 2 5 2 3 2 3 3 5 6
2 9 4 3 7 5 6 0 7 0 3 2 3 9 2 3 4 2 3 0
1 0 0 0 3 7 2 7 1 1 3 6 8 5 1 4 2 8 1 2
4 5 3 6 5 0 4 5 4 2 8 6 7 9 4 5 9 4 9 5
7 1 0 4 5 6 5 1 5 4 1 8 1 4 7 5 0 4 6 6
4 7 4 0 6 1 3 5 4 6 0 9 4 2 8 8 1 8 3 9
5 0 6 4 8 6 4 9 2 9 1 7 2 1 8 5 4 2 4 0
8 7 2 0 6 4 1 6 5 6 9 7 0 9 6 0 4 9 0 6
```

NUMBERS TO FIND

3783	391991	44829
70877	7503	880497
418147	10650	2243
8571	923423	65798
94751	4012	154532

```
4 0 0 1 5 8 1 1 8 6 7 2 0 6 5 9 8 2 8 1
4 9 1 0 2 6 5 6 1 0 8 4 2 0 6 6 9 4 1 6
2 4 3 3 1 3 3 1 2 7 5 4 1 3 1 7 9 3 9 1
0 8 8 3 8 9 4 1 0 6 2 8 3 6 0 8 7 9 0 5
4 5 5 9 9 2 1 4 4 9 0 6 4 6 0 4 0 5 1 8
3 4 3 6 6 9 5 2 9 5 4 9 7 4 8 9 0 9 0 5
0 2 8 7 2 8 5 3 2 1 8 7 9 1 8 9 7 1 9 6
0 5 2 3 5 8 0 6 3 4 7 8 2 3 3 6 2 6 3 7
0 0 3 5 2 5 6 7 8 6 8 1 3 2 8 2 6 1 9 5
9 5 0 9 0 5 8 6 3 7 0 8 6 1 4 6 1 9 0 3
6 6 6 0 3 4 0 7 1 5 4 0 0 4 5 0 1 4 2 3
9 3 0 2 3 4 4 5 5 8 4 1 6 6 0 6 5 3 4 4
8 6 5 7 2 9 8 9 2 9 6 2 1 8 0 3 8 3 4 6
4 5 5 5 3 8 2 9 6 3 4 9 7 1 8 2 0 2 3 3
8 2 6 0 1 8 7 2 2 4 8 4 5 0 1 2 3 9 6 6
5 5 2 6 4 1 3 1 9 8 6 0 3 6 3 7 6 7 6 2
9 5 2 3 1 3 3 2 1 9 1 9 5 8 9 6 9 1 6 1
4 0 3 9 4 5 6 1 0 7 5 9 4 0 6 0 9 5 8 0
9 8 5 9 3 3 4 9 4 5 3 4 4 5 1 4 1 5 5 0
9 4 4 8 0 3 6 2 5 4 1 6 5 4 1 9 3 0 7 4
```

NUMBERS TO FIND

4703	523805	35827
80165	6158	988114
314663	20394	2754
9685	849962	87594
21910	3188	109390

```
6 1 7 1 9 9 4 6 3 0 4 0 3 7 7 6 2 7 4 7
4 2 8 7 2 0 6 4 2 5 2 2 0 1 9 7 2 2 8 9
2 9 3 2 4 5 4 4 7 1 5 9 4 3 5 8 6 8 3 1
7 8 8 5 4 9 7 3 2 4 1 2 6 3 7 5 8 2 2 2
2 5 8 8 4 3 1 1 7 7 8 3 1 0 3 7 2 5 0 5
1 6 4 7 5 9 7 9 8 9 0 6 1 7 8 3 5 3 4 2
4 5 0 8 5 6 8 8 3 1 1 4 5 7 8 7 2 7 7 1
8 3 4 1 0 6 5 7 4 2 8 6 0 1 3 7 3 6 6 2
5 7 1 2 8 6 9 0 8 8 5 8 0 7 2 1 1 1 7 9
3 6 2 6 2 1 9 2 2 1 0 0 8 1 1 3 4 0 6 9
8 6 5 5 6 1 9 3 6 9 3 0 9 5 9 3 8 7 2 7
3 5 9 9 2 0 6 3 7 3 8 4 5 1 3 7 1 6 5 6
0 1 2 2 6 8 2 4 5 9 3 7 8 1 1 0 9 9 8 7
9 5 8 5 8 3 2 9 8 0 2 3 0 1 1 3 4 2 4 2
1 2 8 2 2 1 4 2 7 7 1 0 2 6 3 7 8 7 9 6
7 0 2 6 4 0 2 7 6 7 1 2 4 6 9 2 7 6 7 1
2 7 5 2 6 8 9 4 4 6 6 5 3 1 5 6 7 5 7 4
8 9 2 3 2 3 3 5 7 5 2 3 8 8 7 8 0 9 3 0
2 1 1 5 7 4 5 3 0 0 8 4 2 0 6 3 8 9 1 2
9 4 1 7 0 0 1 1 5 1 2 8 4 8 1 9 2 8 2 4
```

NUMBERS TO FIND

5623	655619	26825
89453	4813	834106
211179	30138	3265
8011	776501	78913
31001	2364	100811

```
3 4 3 3 2 2 2 9 7 2 9 0 0 4 9 5 3 3 8 9
8 8 0 1 6 3 7 0 2 3 2 5 1 8 7 9 4 5 0 8
8 6 4 5 5 9 2 6 3 9 8 3 8 0 8 5 1 5 0 8
6 2 4 4 6 0 0 4 0 8 5 8 2 8 0 5 9 0 5 1
4 5 7 0 4 7 8 4 0 9 6 5 2 8 1 8 3 2 9 9
3 7 6 9 7 6 8 4 0 3 3 9 3 7 5 0 7 5 2 0
0 9 0 6 3 1 7 8 3 3 8 5 3 5 8 2 2 7 0 1
9 2 8 7 4 9 5 4 2 6 0 6 1 2 2 0 7 0 5 2
0 4 6 7 0 7 7 3 1 6 8 7 0 1 0 0 7 8 5 9
3 9 8 3 4 8 8 3 7 6 3 9 7 5 4 9 2 8 3 6
2 6 3 6 7 1 7 7 6 3 2 2 6 3 3 0 2 9 5 0
6 1 8 0 2 6 3 0 8 6 8 4 9 1 1 6 2 0 3 4
0 3 3 3 2 5 4 4 9 1 7 0 5 2 6 2 9 0 9 7
0 1 3 4 9 0 9 7 6 0 1 7 6 8 1 0 1 8 4 9
6 5 6 7 7 2 9 7 1 7 3 8 9 4 2 9 2 6 6 6
3 4 1 7 1 7 2 8 1 6 4 0 6 2 6 3 5 0 0 5
6 4 6 3 5 8 3 9 5 7 2 9 5 5 6 6 3 6 0 0
2 6 3 4 7 6 2 5 8 4 8 2 7 3 4 4 0 1 6 2
6 6 7 5 1 9 6 3 6 2 3 2 5 6 6 3 4 5 0 4
4 5 2 0 5 2 5 7 6 3 7 2 3 6 7 1 0 5 2 0
```

NUMBERS TO FIND

6543	787433	17823
98741	3468	680098
107695	39882	3776
6337	703040	70232
40092	1540	233100

PUZZLE #8 | DIFFICULTY: EASY

```
5 6 7 5 3 2 4 8 7 3 2 7 2 0 5 0 6 2 5 9
1 7 0 3 6 7 4 3 0 3 5 5 3 7 3 9 6 3 0 1
9 2 2 9 6 4 8 2 5 9 5 9 2 2 0 4 7 8 9 4
3 3 4 3 4 9 0 2 7 2 1 2 5 7 8 0 0 1 7 1
9 5 8 7 4 7 8 1 4 9 2 1 8 5 4 6 9 0 0 7
9 9 0 9 6 6 6 1 1 0 8 7 5 2 8 8 0 2 7 0
5 6 6 6 4 7 2 2 3 9 6 8 8 5 8 6 6 2 7 9
2 3 1 8 7 1 7 6 7 8 2 0 1 6 1 6 2 9 8 2
1 9 3 2 0 2 3 5 9 5 9 5 5 9 2 6 5 2 0 8
5 2 2 3 1 2 9 2 7 4 2 8 3 5 7 3 6 3 7 9
1 4 1 3 1 2 6 9 1 7 2 2 0 5 9 3 6 8 6 8
5 2 2 7 6 0 2 8 5 4 6 1 0 1 7 5 3 1 1 3
3 7 3 9 8 7 3 3 4 2 9 8 9 1 4 0 4 9 5 5
5 5 8 1 0 1 1 8 2 1 2 2 3 9 1 8 1 4 6 6
4 2 3 9 1 6 0 1 1 3 4 2 0 5 1 5 8 8 8 3
2 7 8 9 2 5 4 4 4 7 8 3 3 1 6 6 1 0 5 2
3 1 8 6 0 2 6 2 2 5 8 4 6 3 8 4 2 0 9 6
7 4 2 3 0 9 0 0 3 0 4 5 9 1 5 5 3 9 9 1
5 4 5 7 9 3 1 4 4 2 9 6 7 4 6 3 0 4 4 9
0 8 0 5 9 9 6 6 8 2 2 9 2 2 6 5 5 7 2 8
```

NUMBERS TO FIND

7463	919247	25019
89113	2123	526090
220115	49626	4287
4663	629579	61551
49183	3035	365389

```
4 9 5 9 8 0 8 3 7 0 0 5 0 9 7 8 8 7 2 1
4 6 4 2 4 3 8 8 2 2 8 5 7 5 8 2 8 0 5 7
1 9 7 7 8 7 3 8 5 0 3 4 3 5 4 4 8 4 3 3
8 4 9 4 2 7 5 6 3 9 4 5 7 0 8 1 6 3 4 1
2 8 0 5 2 1 0 5 8 1 2 5 9 3 1 3 5 6 3 9
4 8 9 3 2 1 1 7 2 3 1 3 6 3 6 8 5 7 1 3
8 1 4 8 1 4 9 8 3 3 0 2 1 3 5 5 9 5 6 8
9 3 8 7 1 6 5 9 6 5 2 7 0 0 5 4 6 0 2 5
6 2 4 4 8 1 9 7 5 5 6 2 1 6 8 4 8 2 3 8
5 0 9 2 7 7 6 9 7 4 2 9 1 5 0 5 0 7 5 7
2 6 4 0 6 3 5 5 8 6 6 9 7 5 1 8 2 6 7 0
7 4 4 4 7 3 9 1 5 0 0 8 8 5 1 0 4 5 3 6
5 5 0 7 9 8 3 8 3 5 8 4 7 2 8 5 9 3 7 0
3 3 2 3 4 8 4 9 6 0 7 1 0 2 7 9 9 9 9 9
0 0 1 0 4 2 1 6 3 4 1 5 8 9 3 6 1 7 3 8
7 4 7 5 8 3 5 5 3 8 1 1 2 0 2 7 7 9 5 3
6 2 4 2 5 1 0 1 9 1 4 6 7 9 3 9 8 8 4 4
6 4 6 9 2 3 1 9 6 8 9 9 8 2 3 1 5 3 3 9
8 1 9 6 6 1 9 1 6 4 5 9 9 7 0 8 7 3 5 4
6 9 3 4 6 2 9 0 5 3 2 6 9 8 8 9 3 4 5 8
```

NUMBERS TO FIND

8383	801893	32215
79485	3604	372082
332535	59370	4798
2989	556118	52870
58274	4530	497678

```
1 5 4 7 5 8 7 4 1 3 7 2 2 5 5 7 7 2 1 6
3 4 3 6 0 8 7 1 9 0 2 6 1 9 2 0 5 0 8 8
1 1 1 2 7 0 7 0 5 8 4 8 5 1 1 7 0 6 4 6
5 1 3 4 3 3 7 9 2 6 2 4 9 4 2 1 3 8 6 9
3 9 6 1 8 7 1 9 0 9 3 8 0 1 1 7 1 4 2 4
2 6 7 9 9 1 0 2 1 5 2 7 3 0 5 8 9 4 8 1
4 6 7 3 4 0 6 5 3 0 0 4 6 3 6 0 0 7 6 3
4 1 4 0 4 5 7 7 5 8 4 3 2 8 9 3 8 8 4 4
9 2 3 8 3 4 7 1 0 9 3 0 6 8 9 4 4 5 2 9
5 5 2 0 1 5 1 7 0 5 4 9 0 7 1 5 1 8 4 4
6 4 9 3 1 1 0 8 3 1 4 4 8 0 3 8 6 1 7 5
5 1 8 7 9 1 8 1 9 4 9 9 4 9 5 9 3 9 0 6
6 1 2 8 7 8 5 0 9 3 1 2 8 5 8 5 6 8 8 0
6 0 1 1 1 2 4 6 3 1 4 5 7 5 0 0 2 7 1 1
6 8 7 2 9 2 9 5 2 8 1 1 7 9 8 6 6 4 2 5
2 7 2 8 4 0 3 1 2 7 5 4 3 3 0 4 8 1 5 4
7 0 7 5 7 2 2 6 9 6 4 0 7 4 0 6 5 3 4 2
8 5 2 3 4 4 5 9 8 5 3 3 7 6 9 9 2 6 4 3
4 4 5 2 3 7 4 9 2 9 0 4 2 4 7 4 5 2 0 6
9 5 7 4 8 2 9 0 9 4 0 7 2 8 1 0 5 7 9 7
```

NUMBERS TO FIND

9303	684539	39411
69857	5085	218074
444955	69114	5309
1315	482657	44189
67365	6025	629967

```
4 5 1 8 4 2 2 5 9 1 5 2 8 1 3 1 8 4 2 4
7 8 9 8 0 4 8 6 1 1 1 2 3 9 8 5 6 8 1 8
3 6 4 0 6 3 4 5 8 2 3 9 7 1 7 9 0 1 9 5
0 4 5 3 9 7 4 0 2 1 1 0 2 4 6 9 3 5 8 1
6 8 6 4 5 4 5 0 1 1 1 0 3 6 0 5 9 2 9 1
6 7 6 5 6 3 7 1 4 4 8 9 1 5 1 9 0 2 4 1
6 0 4 3 4 7 5 1 6 3 1 0 3 6 8 7 1 2 4 1
3 6 7 1 5 0 9 0 6 6 7 6 2 6 1 2 1 9 8 4
7 3 7 1 0 9 3 3 8 2 9 9 0 5 5 9 7 4 6 6
9 0 4 1 7 9 5 3 8 7 4 8 4 3 7 5 4 5 4 5
0 4 5 9 7 5 5 3 5 5 3 7 5 2 0 0 2 3 1 0
7 2 7 6 0 3 6 8 1 2 7 1 0 6 5 7 1 9 7 7
7 1 9 8 8 5 1 9 6 4 9 8 3 0 6 0 0 1 4 1
4 2 8 6 0 7 2 6 7 1 6 7 8 7 0 2 7 9 7 9
0 3 9 9 6 3 2 5 9 0 3 5 6 7 5 5 3 4 5 0
8 5 9 5 0 7 0 6 0 1 7 7 2 3 8 6 3 7 7 8
5 7 4 7 0 5 9 4 6 9 6 1 4 2 0 5 1 8 4 2
8 8 0 4 8 5 9 5 7 6 6 0 7 2 6 7 8 8 1 9
7 0 6 8 1 5 7 0 6 6 4 8 2 1 8 7 2 8 0 7
9 5 6 0 5 2 6 5 2 0 4 9 1 8 8 4 4 3 7 6
```

NUMBERS TO FIND

8891	567185	46607
60229	6566	450111
557375	78858	5820
2110	409196	35508
76456	7520	762256

```
5 0 4 9 7 6 9 4 7 3 9 4 1 0 5 2 7 8 5 6
9 6 0 5 3 6 6 8 1 5 3 4 3 7 0 4 8 1 8 1
9 9 5 9 8 3 1 2 8 6 0 0 5 5 1 6 2 8 9 0
6 9 7 0 0 8 6 5 6 5 1 5 8 7 0 6 8 4 4 5
5 2 5 7 1 4 5 7 1 4 5 8 3 2 5 1 2 5 5 0
5 9 0 0 0 4 9 2 7 3 9 0 4 5 1 3 5 5 4 9
1 7 9 8 7 5 1 8 6 2 1 9 8 5 0 6 3 9 5 2
1 4 0 4 5 4 2 6 9 3 5 3 9 0 9 1 3 2 3 2
5 0 5 1 0 6 2 2 8 4 2 0 0 4 4 3 3 4 3 6
6 8 0 0 1 6 9 9 1 0 5 5 2 7 9 6 0 9 9 2
3 2 0 0 7 7 4 3 1 7 6 6 7 1 4 5 7 4 5 5
3 6 1 3 1 4 0 5 4 7 7 0 6 5 0 4 3 5 5 5
1 9 6 3 1 2 7 5 2 4 4 9 8 5 8 0 0 3 3 0
8 5 6 3 7 7 7 3 7 2 2 3 9 6 1 6 5 6 7 4
7 0 9 3 3 0 3 7 4 0 6 6 0 8 0 9 2 5 2 5
0 6 1 2 6 0 9 5 0 5 4 5 5 1 7 5 2 3 2 5
6 6 8 2 1 4 8 3 7 7 9 7 4 9 5 9 1 2 1 7
5 6 3 8 8 1 8 3 8 1 6 3 6 5 0 2 1 3 2 6
6 4 4 8 5 7 9 1 5 5 4 6 0 7 9 8 5 8 5 7
6 0 4 6 1 1 7 2 0 6 9 0 1 0 0 2 5 1 3 1
```

NUMBERS TO FIND

8479	449831	53803
50601	8047	682148
669795	88602	6331
2905	335735	26827
85547	9015	894545

```
2 0 4 5 0 4 4 3 1 8 4 5 2 1 6 0 3 1 0 8
5 1 6 8 8 1 4 6 2 7 0 7 9 7 0 7 3 8 8 0
3 5 8 1 4 1 9 8 1 9 9 5 3 7 2 6 7 3 5 0
1 3 5 4 5 2 7 8 5 5 7 8 3 0 0 5 4 6 3 8
1 2 2 1 5 4 1 6 4 5 3 6 9 9 3 2 9 3 7 3
7 8 7 6 3 7 0 2 3 7 2 9 8 0 8 3 3 6 8 6
2 2 3 6 5 8 1 2 3 1 2 8 7 8 2 6 3 3 4 9
8 8 8 8 7 0 4 8 7 3 1 2 2 3 2 1 4 6 0 2
8 7 6 6 4 8 6 3 5 3 3 1 6 9 7 1 6 9 0 3
7 4 1 3 5 6 4 7 5 2 0 5 4 2 3 5 7 1 7 1
4 4 7 8 4 2 1 8 9 6 1 6 4 5 2 4 7 1 9 4
1 3 6 8 0 6 8 8 5 2 9 3 8 5 4 9 4 1 2 7
3 4 0 7 0 4 1 0 2 5 5 9 5 1 0 6 2 5 5 9
7 3 8 9 2 1 7 8 9 3 6 1 1 1 9 1 3 6 6 0
8 3 0 9 8 5 7 0 6 1 8 0 2 4 9 4 3 3 8 4
8 5 8 8 6 6 4 5 9 5 0 2 9 5 9 4 1 4 4 3
4 3 2 7 9 2 6 6 1 1 4 3 7 9 0 4 1 9 2 2
0 6 2 6 6 5 4 1 3 5 4 4 4 7 6 1 0 7 9 1
7 9 4 6 3 8 2 3 8 2 3 5 5 0 6 5 7 9 0 8
9 9 5 0 3 8 7 8 6 7 0 7 5 8 6 5 6 7 6 7
```

NUMBERS TO FIND

8067	332477	60999
40973	9528	914185
782215	98346	6842
3700	262274	18146
94638	8821	611437

```
4  0  7  8  2  8  0  5  5  5  4  1  1  8  2  3  4  4  3  0
5  6  0  7  2  2  9  9  3  0  2  9  5  3  7  0  7  3  7  1
9  2  2  6  5  7  0  7  2  3  5  1  0  9  9  5  9  4  9  2
0  8  7  5  8  4  3  7  0  3  7  3  8  3  6  3  9  8  4  4
7  4  1  5  0  5  8  3  6  2  8  1  2  1  5  1  2  3  4  8
6  2  9  6  2  9  9  2  1  0  4  9  0  7  2  4  6  9  2  1
5  8  5  0  4  4  2  2  3  1  7  2  3  3  1  6  5  1  2  7
5  6  2  6  7  4  8  3  5  2  0  3  6  0  9  7  8  7  8  9
0  2  3  7  4  0  6  6  8  1  0  5  5  4  3  5  2  1  6  5
5  5  2  4  6  5  4  5  1  9  3  6  5  3  9  4  8  1  9  7
2  8  1  0  9  0  0  1  8  6  6  5  6  3  6  1  8  3  6  5
3  4  6  1  7  0  8  6  8  4  7  0  3  2  0  0  6  7  0  2
2  3  5  0  3  8  5  0  8  6  3  8  2  3  1  3  4  5  7  4
8  4  8  4  8  7  8  8  0  0  9  4  6  4  1  5  2  4  9  8
0  2  2  1  2  5  8  7  1  3  2  0  4  6  5  0  6  9  7  4
1  8  3  8  8  5  0  8  6  4  3  2  7  8  2  1  6  8  2  3
5  1  7  8  6  6  8  6  0  1  8  3  3  0  6  3  4  9  9  8
3  8  0  9  3  5  8  9  0  6  2  3  2  3  9  0  2  6  7  6
0  6  4  9  2  0  9  0  4  6  3  6  4  5  8  6  0  7  2  1
1  1  9  8  7  7  3  0  0  7  9  1  5  2  3  1  6  2  3  9
```

NUMBERS TO FIND

7655	215123	68195
31345	8333	843039
894635	80935	7353
4495	188813	27331
80889	7204	328329

```
5 5 7 8 8 2 9 9 6 4 5 7 2 0 7 1 3 9 3 1
5 7 7 1 8 9 3 9 5 9 3 2 1 1 2 9 7 0 1 4
9 5 7 1 4 7 4 8 0 9 2 5 7 4 9 1 4 2 0 0
4 7 4 2 0 7 3 7 4 1 7 3 0 4 3 3 7 4 6 3
8 0 1 7 0 4 2 3 2 5 1 5 1 8 1 3 5 4 0 5
1 8 9 2 1 9 6 2 6 5 5 1 9 3 4 8 9 7 5 3
7 3 5 8 1 1 2 8 2 2 8 1 2 0 1 4 1 2 7 1
5 9 3 3 0 1 3 6 7 0 3 8 8 6 9 8 1 8 8 3
9 0 1 8 5 3 7 1 1 6 7 1 4 0 2 2 4 3 3 4
0 3 3 6 6 4 8 8 9 5 8 2 5 4 6 1 1 9 0 7
6 3 5 5 9 5 8 4 7 6 7 0 4 6 9 7 5 1 1 7
8 2 1 8 3 4 7 5 4 1 5 2 5 2 5 1 6 4 6 4
7 6 1 4 3 2 6 8 2 8 5 8 8 1 1 7 1 7 6 4
0 5 3 7 2 1 9 9 8 3 1 2 2 3 1 5 0 1 2 8
7 6 8 3 1 5 9 0 6 9 9 2 2 6 4 4 2 5 3 2
0 5 0 3 1 9 9 4 1 1 7 7 3 7 4 8 1 7 8 3
5 9 3 8 9 9 7 4 5 6 9 0 7 3 8 5 0 2 6 2
8 9 8 3 7 2 4 3 2 3 9 1 9 3 3 1 1 3 2 0
0 0 9 1 9 0 9 0 1 6 0 0 1 4 4 3 9 7 6 5
2 1 6 1 4 2 2 4 4 0 1 7 2 9 9 4 5 6 8 5
```

NUMBERS TO FIND

7243	344100	75391
21717	7138	771893
709654	63524	7864
5290	115352	36516
67140	5587	237887

```
9 8 8 3 6 1 4 8 2 1 0 8 3 9 7 0 7 8 7 8
8 6 4 1 4 8 1 4 1 9 4 5 2 5 7 6 5 2 5 1
4 5 0 5 0 8 0 4 7 2 8 5 1 0 1 8 5 0 3 2
9 7 9 3 1 8 5 7 8 4 1 6 4 4 2 2 9 4 1 4
6 1 0 4 3 0 0 0 3 7 8 5 1 4 7 4 7 8 1 6
7 1 6 3 3 1 4 6 3 0 7 0 0 4 3 0 7 3 6 6
2 8 3 4 0 2 7 5 0 0 5 0 2 0 5 0 9 5 4 8
9 8 0 7 7 8 9 7 8 2 0 7 4 6 0 4 4 9 2 3
9 2 5 4 7 6 6 1 0 8 9 4 8 7 9 4 6 7 6 0
2 4 5 2 5 8 4 5 0 3 3 5 4 7 8 1 1 5 5 8
1 2 6 7 3 4 5 6 0 0 7 7 8 5 2 5 4 6 5 5
7 3 5 0 3 9 2 5 4 4 4 5 7 3 8 2 6 4 2
1 8 1 3 8 6 5 2 1 7 7 6 6 7 5 5 3 8 5 1
3 7 2 8 4 5 8 9 3 3 5 4 3 9 8 2 2 3 2 1
3 0 8 3 9 6 3 1 5 5 2 9 3 6 8 1 4 1 1 7
0 9 6 3 1 4 3 2 8 6 1 0 7 6 2 5 4 6 3 2
4 4 3 0 2 0 1 5 9 9 2 7 3 0 7 3 1 4 7 9
5 2 3 5 6 6 4 0 0 9 2 1 8 4 9 3 9 0 4 3
8 7 4 5 8 7 0 5 3 1 2 9 8 6 1 9 0 3 7 2
5 5 2 1 4 2 7 6 4 6 1 2 6 0 7 1 5 4 9 1
```

NUMBERS TO FIND

6831	473077	82587
12089	5943	700747
524673	46113	8375
6085	243914	45701
53391	3970	407784

```
8 0 7 6 8 8 4 5 8 2 8 9 9 3 1 3 8 7 9 8
2 3 9 7 8 3 4 2 2 9 7 8 1 5 3 2 4 4 5 4
3 3 9 6 9 2 6 5 5 2 6 7 7 2 5 3 3 2 6 2
9 3 8 0 2 3 3 8 0 1 2 6 1 1 1 6 2 2 0 2
4 3 7 0 3 3 7 3 6 0 8 3 4 5 9 3 8 8 9 2
4 2 6 6 0 6 3 1 4 8 3 3 1 1 9 3 8 5 2 6
5 4 5 8 0 7 5 9 8 2 5 6 2 8 9 8 7 2 5 0
7 2 5 0 9 5 2 6 2 4 8 4 8 1 1 8 7 4 1 7
4 0 0 2 3 0 3 8 7 7 5 3 9 6 4 2 6 6 0 5
3 8 0 7 2 4 7 3 2 1 2 0 7 3 8 0 6 3 6 8
0 9 3 4 9 0 3 6 9 6 7 3 2 9 1 4 3 3 6 1
1 9 1 6 2 6 8 8 2 4 2 5 9 0 2 5 0 9 3 5
3 7 9 0 8 5 9 1 4 4 6 1 0 5 6 7 8 9 4 1
7 5 5 2 3 4 3 9 9 3 0 7 8 7 6 4 3 4 5 3
7 2 4 3 1 5 5 7 7 6 8 1 1 3 5 3 2 4 7 6
2 7 8 3 2 3 4 3 1 1 3 1 2 9 1 2 0 4 8 4
1 2 5 7 9 2 7 5 0 8 1 0 6 9 2 6 3 8 9 9
8 7 8 6 4 6 3 2 6 0 3 5 5 4 8 0 0 4 4 8
1 7 3 6 0 2 6 7 8 0 8 3 2 0 5 5 7 4 1 7
9 6 8 5 5 1 7 9 4 6 7 4 2 7 3 4 1 6 8 0
```

NUMBERS TO FIND

6419	602054	89783
22438	4748	629601
339692	28702	8886
6880	372476	54886
39642	2353	577681

```
9 5 4 7 2 4 8 0 5 9 3 8 1 6 6 4 0 7 1 8
1 3 0 8 8 3 0 7 7 6 9 9 4 6 5 3 3 6 6 4
6 2 5 0 7 3 6 0 5 2 0 0 2 9 2 0 2 0 4 5
2 0 4 1 6 7 6 8 0 6 5 5 8 4 5 5 3 7 7 4
7 9 5 7 9 1 2 7 0 4 1 3 6 9 2 9 1 4 8 2
0 2 7 6 7 2 0 5 1 9 0 9 0 1 5 2 3 3 2 7
0 2 4 9 7 1 1 6 2 1 3 0 7 8 2 6 9 0 9 6
6 3 1 2 2 8 6 1 3 8 7 9 7 9 8 8 4 1 0 2
2 4 4 4 7 7 9 0 6 9 9 1 7 3 0 3 6 4 9 1
1 3 0 1 3 7 3 2 0 4 1 7 9 3 2 7 9 3 6 8
8 7 5 5 9 3 1 7 9 7 0 6 8 7 3 6 6 7 6 4
1 4 0 2 5 8 4 0 4 5 4 5 0 1 0 3 8 1 0 6
4 1 5 2 2 6 5 5 7 4 5 1 3 3 0 9 5 3 8 5
1 1 4 7 9 7 1 8 8 3 1 8 6 2 7 8 1 2 4 1
2 4 4 7 4 1 1 5 4 8 5 6 6 3 5 5 8 8 2 7
7 4 9 7 4 7 5 7 8 0 1 6 8 4 3 2 3 5 6 3
2 6 5 5 5 8 5 3 0 3 7 5 5 1 2 9 2 8 2 7
9 4 9 8 1 0 4 4 3 9 6 2 3 9 3 1 3 7 6 0
8 7 1 7 0 9 0 5 7 9 4 3 5 2 7 2 6 9 0 6
6 3 6 3 6 2 0 4 8 2 8 1 4 3 5 5 3 3 1 2
```

NUMBERS TO FIND

6007	731031	96979
32787	3553	558455
154711	11291	9397
7675	501038	64071
25893	4000	747578

```
2 3 4 8 4 9 8 4 7 0 5 7 4 7 1 9 1 7 2 4
4 9 4 2 5 0 8 4 9 7 5 7 4 2 6 6 2 2 7 5
5 6 1 2 4 8 5 4 4 1 3 5 5 3 8 4 2 1 3 9
6 2 9 6 0 4 7 9 9 3 2 3 9 7 8 8 1 2 8 6
1 5 4 4 1 2 1 6 7 3 6 9 1 7 6 7 1 1 3 3
9 0 2 7 3 9 9 8 4 8 1 1 3 1 4 4 6 8 5 9
7 8 7 8 4 7 1 5 4 4 7 0 8 0 9 9 2 6 1 4
8 5 7 5 5 9 3 9 8 7 9 1 4 9 4 0 7 7 6 7
1 6 7 7 9 7 0 3 9 4 0 0 9 0 5 5 2 3 1 9
4 1 5 6 8 2 6 2 6 9 2 6 6 5 4 4 5 0 6 1
5 7 7 2 4 5 0 2 8 7 2 4 3 9 2 6 5 0 7 4
6 6 3 1 3 0 0 0 8 6 2 0 6 5 4 0 3 6 1 9
8 1 7 6 6 7 5 8 6 7 1 5 0 1 2 4 0 2 4 7
0 7 4 5 2 2 7 9 4 9 3 6 4 8 1 8 2 4 5 7
5 2 0 4 0 7 4 7 5 3 2 3 4 0 6 6 2 3 6 9
5 5 3 0 7 6 3 6 1 5 4 6 9 0 0 5 0 4 2 9
0 7 8 5 0 2 6 9 2 7 8 3 0 5 4 5 3 8 7 4
0 6 1 8 8 0 9 9 8 5 7 0 0 3 4 1 2 4 9 1
0 6 1 2 8 6 1 6 4 9 8 2 3 5 3 1 5 7 5 0
4 7 2 3 5 3 7 5 1 1 6 4 4 6 1 8 1 9 8 0
```

NUMBERS TO FIND

5595	860008	74522
43136	2358	487309
274732	20046	9908
8470	629600	73256
12144	5647	917475

```
4 8 4 9 9 6 6 2 7 8 4 8 0 8 3 7 1 5 5 4
8 3 8 1 9 9 3 3 4 9 9 1 2 0 9 1 6 5 9 3
9 9 7 8 5 3 6 7 9 7 0 1 1 6 6 4 9 9 2 2
2 1 0 0 3 3 8 3 7 2 0 6 4 3 9 9 9 9 9 4
4 8 4 3 3 9 2 7 5 0 3 3 4 4 4 2 7 5 5 5
3 9 4 9 9 0 7 2 1 6 7 3 2 1 2 4 8 9 8 8
8 9 1 7 8 7 7 2 4 3 5 3 2 8 3 8 8 3 8 0
8 4 7 0 8 3 5 3 1 7 5 7 5 3 7 5 9 8 9 1
9 9 5 9 9 8 8 9 8 5 9 3 7 1 9 9 4 3 2 8
8 3 1 7 8 5 6 8 2 5 4 5 5 6 0 4 9 5 6 9
2 5 2 7 0 9 6 8 6 8 8 3 1 3 0 7 7 9 5 1
6 7 7 8 9 0 0 0 5 1 5 7 6 8 0 6 7 5 1 5
1 9 2 4 8 6 5 5 6 2 2 3 3 1 7 4 7 8 3 4
2 0 7 5 2 7 0 2 4 7 5 4 9 7 6 7 4 1 8 7
2 7 5 0 8 9 3 7 2 1 0 1 3 7 6 1 7 9 8 5
1 8 5 2 9 4 8 7 4 1 3 8 8 0 1 1 4 2 6 1
3 9 8 9 7 2 9 4 3 0 9 1 1 3 4 3 3 3 9 1
6 8 5 0 0 1 3 5 1 1 9 0 4 6 8 5 8 6 4 4
1 3 3 3 1 9 5 3 0 7 0 8 4 1 7 5 9 2 1 2
8 6 8 3 5 0 9 5 3 2 1 3 3 5 2 0 6 5 9 5
```

NUMBERS TO FIND

5183	988985	52065
53485	1163	416163
394753	28801	8779
9265	758162	82441
24310	7294	833001

```
0 4 5 3 9 1 6 3 1 8 3 0 2 4 6 3 7 9 0 5
9 9 3 3 2 9 6 0 8 7 3 3 8 4 4 7 5 3 7 8
4 9 4 2 7 7 0 9 5 3 6 5 7 2 3 4 9 4 2 9
9 6 6 7 4 9 4 7 4 1 6 7 7 1 7 5 4 5 1 7
8 8 5 2 0 5 0 8 2 9 4 0 0 0 8 3 1 6 8 2
8 1 7 5 1 5 5 1 4 1 5 0 3 0 7 0 5 1 2 8
7 2 4 8 5 6 7 2 5 8 8 9 1 9 1 2 3 1 6 4
8 2 8 4 7 7 3 7 8 9 1 6 0 2 1 7 5 7 3 5
6 1 5 7 7 7 7 9 9 4 9 9 2 3 4 6 7 7 2 5
8 8 9 8 7 4 6 6 1 1 0 3 1 4 5 5 4 4 4 5
6 1 7 6 5 8 0 4 6 2 6 5 8 8 2 5 7 4 5 4
2 5 1 8 5 1 9 2 2 6 4 5 7 6 3 7 6 9 5 2
9 7 6 9 0 7 4 6 6 5 8 6 7 2 8 3 2 2 8 8
9 7 8 4 9 8 3 9 3 4 0 4 3 4 6 0 6 2 7 7
4 5 9 5 2 3 8 0 8 9 6 8 9 4 7 0 2 0 1 6
9 3 6 3 8 3 4 1 9 3 7 2 1 1 0 8 9 9 3 6
2 8 8 8 6 7 2 4 0 2 7 3 2 3 7 3 4 6 8 4
1 6 1 7 0 3 8 0 3 4 5 0 1 7 0 0 1 1 4 5
3 4 0 6 1 6 0 0 2 8 6 2 0 3 0 8 3 5 1 1
4 7 8 4 5 7 6 5 0 0 7 1 5 3 5 5 8 3 0 0
```

NUMBERS TO FIND

4771	871384	29608
63834	2394	345017
514774	37556	7650
8152	886724	91626
36476	8941	748527

```
3 8 1 0 6 9 2 7 4 0 0 7 6 0 4 7 5 2 7 2
5 3 8 8 7 1 8 5 6 6 3 3 9 3 5 1 3 6 0 1
3 7 4 1 2 4 1 2 0 8 2 6 7 0 5 8 3 8 3 6
6 0 5 2 4 0 4 5 7 9 4 3 4 2 7 5 9 8 9 8
9 5 5 1 6 6 2 3 9 5 3 4 0 1 9 6 0 0 1 7
2 7 3 8 7 1 5 3 3 3 8 7 5 0 1 3 5 1 9 2
0 1 6 4 6 7 1 8 7 9 1 9 7 8 2 1 7 7 3 2
0 8 3 4 2 4 5 5 5 6 5 5 7 3 2 8 1 7 3 9
7 2 3 0 5 0 6 5 2 0 4 8 6 4 2 8 3 3 1 7
7 4 2 7 6 0 1 3 3 1 5 8 1 7 8 0 9 1 6 0
7 0 6 3 2 6 6 3 3 6 8 4 2 4 1 3 3 0 3 4
2 3 5 3 3 5 1 8 6 2 8 1 1 3 0 3 4 4 1 4
0 0 7 5 1 6 1 0 6 0 0 0 9 6 3 1 7 3 3 7
8 9 5 7 9 1 6 6 4 0 8 1 1 9 6 1 6 4 9 5
8 6 8 5 4 6 4 4 6 0 6 7 4 9 8 2 2 7 5 3
6 7 4 7 9 1 5 1 0 4 9 7 0 4 5 4 4 8 9 5
8 8 8 1 6 6 9 2 6 5 0 4 3 6 3 8 7 9 6 7
3 1 0 2 7 6 5 7 1 0 3 1 0 8 1 5 9 6 9 1
7 7 9 8 4 5 4 9 8 3 5 8 6 3 2 7 6 7 8 4
3 8 2 1 2 7 9 5 3 8 1 3 4 6 2 8 7 8 4 4
```

NUMBERS TO FIND

4359	753783	41111
74183	3625	273871
634795	46311	6521
7039	760133	79993
48642	8113	664053

```
2 1 0 7 1 6 3 0 9 1 3 8 4 5 5 0 6 6 9 8
3 9 2 6 5 2 5 6 7 0 5 1 1 5 0 3 3 2 2 8
6 1 1 8 5 5 3 7 3 1 8 5 0 8 1 8 8 9 1 0
9 8 4 2 7 0 8 2 4 5 0 9 2 3 7 1 4 7 3 3
7 5 3 0 9 1 9 8 4 7 8 8 2 3 6 3 3 3 5 3
0 0 2 2 5 3 8 5 8 3 0 8 8 3 3 4 9 2 6 5
9 1 6 7 7 2 9 9 8 0 0 6 6 2 2 3 7 1 1 4
8 2 1 5 9 6 3 4 7 7 1 7 9 1 8 2 3 4 7 0
6 7 1 7 1 5 7 3 7 0 6 3 9 2 0 0 7 4 7 9
3 0 4 6 3 3 5 4 2 6 9 3 1 2 7 3 8 8 1 8
9 0 9 1 1 4 3 1 9 7 2 2 8 0 6 4 4 0 0 7
8 1 1 5 6 8 2 6 2 0 5 3 4 1 1 4 1 5 6 6
2 8 3 8 6 2 6 1 3 8 9 4 9 3 3 7 7 3 3 8
3 9 5 3 6 5 5 2 3 5 4 8 8 4 0 7 5 6 1 6
2 6 8 2 1 1 6 4 5 1 1 7 9 1 1 1 2 4 2 1
8 6 5 5 8 5 5 6 1 8 7 7 1 8 6 0 4 6 0 5
2 1 6 0 4 8 5 6 2 7 4 1 0 8 7 2 6 7 6 5
5 7 0 4 6 1 2 7 4 8 1 7 4 6 6 6 5 6 3 9
6 1 3 3 7 9 6 6 6 3 9 5 8 3 6 1 1 5 8 7
0 1 5 9 5 6 0 0 2 7 0 5 0 6 1 2 1 0 6 1
```

NUMBERS TO FIND

3947	636182	52614
84532	4856	202725
754816	55066	5392
5926	633542	68360
60808	7285	579579

```
0 5 3 5 3 2 7 0 9 6 7 0 7 9 3 7 7 6 7 5
4 7 9 7 4 6 7 2 2 4 2 2 0 2 4 3 5 6 4 2
2 6 9 7 5 0 2 2 4 7 9 5 5 0 7 8 3 5 0 4
7 0 4 9 9 7 2 9 1 8 7 0 8 0 9 6 8 1 0 4
9 7 3 0 0 0 4 7 5 5 4 2 4 4 1 8 5 2 2 9
1 4 7 7 1 7 3 1 7 9 1 7 1 8 3 5 6 6 3 2
3 2 7 5 2 1 8 7 1 4 2 4 0 2 0 9 9 7 6 0
0 9 6 7 0 5 6 1 5 7 6 0 9 1 8 7 9 4 6 2
8 7 5 5 8 5 9 2 2 3 8 9 1 7 6 3 4 1 9 2
3 8 4 1 4 3 1 8 4 2 8 6 4 8 4 7 6 4 4 7
3 5 3 8 1 3 8 2 7 7 7 0 0 2 4 5 9 1 3 9
7 0 6 4 7 1 6 6 7 2 7 1 6 7 5 4 3 9 4 5
9 9 8 0 7 4 9 3 4 9 0 3 1 2 8 8 5 3 3 0
9 1 6 8 1 8 8 4 1 0 1 5 2 8 6 4 0 8 7 8
1 3 5 1 4 9 9 3 3 7 7 9 1 0 3 2 6 1 7 9
2 3 6 5 4 8 4 1 7 6 5 5 7 6 6 4 9 1 7 0
8 8 4 8 8 1 8 3 7 4 0 3 7 5 8 9 5 9 4 6
2 0 5 8 3 2 2 2 0 6 4 1 1 7 0 2 1 6 5 4
4 1 7 3 8 2 3 8 8 4 7 6 4 6 2 7 8 0 6 5
5 6 8 6 9 8 2 2 3 0 2 4 6 6 4 9 4 7 5 3
```

NUMBERS TO FIND

3535	518581	64117
94881	6087	717741
874837	63821	4263
4813	506951	56727
72974	6457	495105

```
1 4 8 5 6 8 1 3 7 5 3 7 0 9 9 8 0 7 1 2
0 9 9 9 2 8 1 5 1 4 4 1 7 7 8 6 9 3 8 7
9 0 6 6 2 5 6 0 4 6 7 5 2 7 6 2 5 1 2 1
6 5 1 8 5 2 9 3 4 8 9 8 7 3 2 4 9 4 3 8
7 4 8 1 0 2 8 7 4 4 1 9 2 3 2 7 2 3 5 9
1 8 5 9 2 8 4 3 3 0 3 4 0 0 9 8 0 7 9 7
7 1 1 5 6 6 0 1 5 8 9 6 1 6 0 6 6 4 2 8
9 4 4 4 3 2 7 9 6 5 6 3 3 2 5 0 8 5 0 3
7 6 0 2 5 6 9 5 4 2 9 0 7 5 5 5 8 7 2 4
6 2 1 7 7 5 5 1 0 8 3 7 3 6 8 8 0 1 5 5
2 7 7 1 3 8 0 3 6 0 7 2 9 2 5 3 4 0 8 1
3 6 6 9 5 3 1 6 6 4 0 2 6 9 2 1 6 0 9 2
9 0 1 5 7 4 4 1 0 6 3 1 6 5 0 9 9 0 4
8 6 7 0 6 8 8 7 6 6 4 9 5 9 4 2 6 8 3 2
0 4 1 3 1 5 3 0 6 4 8 7 3 3 6 1 6 1 3 8
0 1 7 9 0 7 3 1 8 3 1 5 3 9 5 0 1 7 6 3
5 6 3 6 2 8 9 6 0 1 9 5 8 5 0 1 3 5 7 4
1 9 8 9 2 5 2 6 6 3 9 9 7 3 4 1 1 0 2 5
7 9 5 2 4 1 7 1 6 5 7 0 5 5 7 7 0 4 4 6
7 7 1 5 7 8 3 4 4 9 2 5 6 9 5 5 2 8 8 5
```

NUMBERS TO FIND

3123	400980	75620
13166	7318	110129
994858	72576	3134
3700	380360	45094
85140	5629	410631

```
0 6 5 5 7 2 5 2 7 6 2 6 0 3 3 6 5 1 4 5
6 9 4 8 7 9 7 1 3 5 9 8 3 7 0 4 5 0 1 0
5 5 9 1 4 4 7 0 0 7 7 3 3 3 7 8 5 2 4 0
1 3 2 2 2 1 9 8 9 1 4 2 3 8 4 6 4 7 7 2
9 5 8 4 6 8 9 4 0 1 3 4 4 5 2 6 5 4 5 5
4 6 6 2 4 3 7 7 5 8 3 4 7 6 7 5 1 8 0 8
4 2 4 0 0 3 3 7 9 5 6 9 6 2 3 3 2 9 4 9
2 0 7 7 4 7 3 2 4 4 0 0 0 4 1 8 8 0 6 7
2 6 6 4 4 2 8 5 6 9 2 1 3 9 3 7 2 8 1 5
9 7 9 2 3 0 2 4 1 3 7 1 7 1 8 7 9 1 0 3
5 4 2 2 5 5 5 2 2 5 1 7 9 1 8 8 8 9 1 4
1 5 9 5 5 2 0 8 8 0 1 2 0 6 0 8 6 4 3 9
9 4 1 4 7 7 1 0 1 2 7 2 5 3 9 1 2 1 2 2
7 9 0 0 2 3 0 7 7 6 0 5 2 4 9 6 0 3 8 6
9 3 4 6 3 9 7 2 1 6 2 9 3 2 8 8 3 9 8 1
3 8 7 1 1 8 3 2 6 1 5 7 3 7 7 2 6 7 8 5
1 2 4 9 4 6 8 1 3 6 6 3 0 7 6 2 6 7 6 4
2 5 3 7 6 9 8 0 5 6 3 2 0 6 7 8 5 2 3 6
5 7 9 0 2 9 1 7 6 5 5 9 8 7 1 2 3 2 2 8
5 5 7 4 2 9 0 5 4 3 7 7 6 2 1 4 2 9 4 7
```

NUMBERS TO FIND

2711	283379	87123
22231	8549	308986
871073	81331	2005
2587	253769	33461
97306	4801	326157

```
6 9 9 6 2 7 1 7 6 1 9 5 7 1 6 8 0 2 8 1
8 9 8 6 6 2 7 7 5 8 3 6 7 8 8 1 7 1 1 7
5 7 7 8 3 8 8 4 9 7 2 1 8 8 7 5 3 6 4 4
7 4 1 1 4 2 0 9 7 6 9 7 2 2 1 9 4 7 2 1
9 4 4 7 3 3 2 1 8 2 8 0 6 9 5 4 8 9 6 7
5 3 0 2 2 2 3 9 9 7 8 0 6 6 6 5 7 8 0 5
7 2 2 7 6 1 6 7 8 5 2 8 0 8 1 3 0 1 5 5
0 5 8 3 2 7 1 6 1 0 9 6 8 9 0 9 5 8 3 5
6 1 1 9 7 3 4 6 7 9 6 3 1 0 9 0 8 7 9 6
2 3 8 8 7 6 1 9 7 3 1 3 6 4 8 9 9 1 0 6
1 1 8 6 0 5 1 8 6 8 7 5 4 4 0 1 5 6 8 5
8 4 3 6 3 1 0 6 5 0 3 9 4 5 5 1 7 9 0 7
2 4 6 8 1 0 6 6 1 5 9 6 3 2 7 8 7 5 7 2
1 0 5 2 6 4 5 2 0 9 6 4 1 1 5 8 2 2 5 2
4 5 2 7 0 1 2 6 1 4 1 0 4 0 1 3 1 0 0 5
4 5 1 5 6 2 2 3 6 1 1 8 9 2 4 0 4 0 9 0
3 6 6 2 1 8 2 8 7 0 5 6 4 6 2 2 6 1 4 0
3 6 5 4 9 4 4 1 7 0 9 9 1 6 5 7 7 8 2 1
0 5 3 9 9 0 3 7 5 1 4 7 4 6 9 4 3 7 3 3
3 4 7 4 6 8 4 3 6 7 3 4 9 7 1 4 2 5 6 1
```

NUMBERS TO FIND

2299	165778	98626
31296	9780	507843
747288	90086	3099
1474	127178	21828
86474	3973	241683

```
2 1 4 3 9 1 1 5 2 9 7 8 5 1 0 6 6 6 5 1
1 4 4 1 2 5 9 0 7 6 8 2 6 9 3 4 5 7 0 0
1 5 4 4 6 5 6 0 4 8 5 7 2 0 7 9 7 0 6 8
3 6 5 5 5 8 1 1 5 9 3 2 7 3 8 4 5 9 5 8
1 6 6 9 8 4 7 6 2 1 0 6 2 3 7 0 3 2 9 1
8 3 1 3 7 4 2 2 3 5 4 8 9 7 7 2 5 2 9 3
9 0 5 6 1 1 6 8 1 0 7 9 8 8 4 2 9 0 9 0
1 0 6 0 7 3 0 7 7 2 4 0 8 9 0 8 4 1 5 7
3 1 2 8 9 0 3 7 7 2 6 3 3 6 0 0 4 3 5 1
1 7 1 7 0 5 6 0 3 9 6 1 9 9 7 9 1 2 3 5
2 8 5 7 5 5 7 6 6 7 0 7 7 1 6 6 2 7 3 8
8 7 6 1 3 1 0 6 8 6 5 6 0 2 0 9 1 5 7 8
1 3 7 0 0 3 3 8 4 7 0 5 1 9 7 0 3 6 6 5
6 6 7 2 5 8 1 2 9 1 8 9 8 0 0 9 2 4 8 4
9 1 1 7 3 1 9 7 1 7 5 4 0 2 6 8 6 2 3 1
3 3 6 8 2 7 3 4 1 2 4 1 4 8 8 9 9 4 1 6
5 6 9 6 6 0 7 0 4 1 8 8 3 6 6 5 2 8 8 4
0 3 2 0 6 9 3 1 9 9 2 3 0 2 8 1 3 5 8 9
4 7 8 4 0 4 8 3 0 7 4 0 7 2 9 4 0 3 2 1
2 9 9 9 4 8 6 9 6 4 5 6 2 3 6 1 7 4 6 3
```

NUMBERS TO FIND

1887	274013	83342
40361	8956	706700
623503	98841	4193
2703	234795	10195
75642	3145	157209

```
8 7 6 3 6 6 4 4 5 0 0 5 3 9 9 9 6 6 2 8
7 2 1 1 2 5 3 7 8 2 5 3 5 5 2 1 8 8 4 0
8 1 1 2 8 0 6 3 8 5 3 0 1 0 6 0 0 4 2 7
7 3 3 3 0 4 3 8 6 1 3 0 9 8 3 0 5 0 5 4
2 1 7 2 4 5 4 9 2 1 9 8 4 7 8 3 5 5 8 6
6 5 3 4 4 1 1 3 0 1 4 4 2 1 7 9 0 1 2 3
6 0 6 8 1 6 2 2 4 6 2 0 7 2 5 3 2 1 1 4
0 4 4 0 9 6 9 9 0 2 7 9 7 2 4 4 4 9 0 4
3 3 8 9 7 0 8 9 9 6 9 2 0 2 7 8 1 5 9 3
2 0 7 1 2 7 5 5 3 4 1 1 7 9 5 7 0 2 3 4
7 5 7 9 0 1 4 5 1 5 8 1 9 6 6 5 1 7 9 3
9 9 5 3 7 5 6 2 5 0 6 2 2 3 5 7 8 8 1 4
6 2 5 8 7 6 0 8 7 7 7 4 9 8 4 4 2 3 0 3
8 3 0 9 7 6 5 7 4 4 9 6 0 3 4 7 2 1 3 4
1 4 3 8 2 0 0 7 3 4 3 4 2 4 1 2 7 3 6 5
2 2 6 7 8 8 1 3 7 7 2 8 7 5 3 3 8 4 1 4
3 2 8 6 5 4 3 8 7 2 7 3 0 1 3 6 2 3 4 8
4 0 3 5 1 6 2 6 1 2 0 9 6 8 9 5 5 8 8 2
3 1 0 7 8 2 5 2 6 7 6 8 0 4 3 3 2 6 8 4
1 7 2 2 0 1 0 2 8 6 0 6 0 2 2 3 4 7 3 4
```

NUMBERS TO FIND

3001	382248	68058
49426	8132	905557
499718	89839	5287
3932	342412	25321
64810	2317	344113

```
0 7 5 7 6 1 9 2 9 0 8 4 0 7 5 6 4 2 2 6
7 7 0 8 8 8 0 2 4 5 7 5 8 5 7 4 0 1 1 0
5 4 2 7 2 7 3 8 9 6 9 4 0 8 0 1 0 7 3 9
7 8 2 2 9 2 8 2 2 0 2 2 8 2 2 8 0 6 9 9
2 2 8 4 6 7 9 4 7 7 2 5 9 9 0 7 9 3 4 1
5 3 1 6 4 0 3 9 8 8 8 8 4 5 7 6 2 3 6 9
4 4 3 4 5 0 5 9 2 2 2 0 4 2 6 1 0 4 3 5
6 8 0 3 1 9 4 8 5 0 0 3 8 9 0 3 0 5 5 9
1 4 8 5 2 3 9 3 6 7 6 7 0 6 0 9 5 6 8 7
3 2 3 3 6 5 9 5 7 9 1 3 4 5 9 4 4 5 1 9
8 5 0 2 0 0 3 7 0 3 7 5 9 3 3 3 8 0 9 0
7 0 5 2 6 8 4 5 7 1 2 2 8 1 3 3 1 3 7 7
9 0 0 8 1 9 4 2 5 2 8 6 9 9 0 3 7 4 5 8
3 8 3 8 8 9 7 3 3 7 4 0 7 1 5 5 1 0 1 2
5 5 3 6 1 3 2 2 6 5 8 5 2 6 2 5 5 6 6 9
5 4 1 0 3 6 8 1 4 8 1 4 8 9 2 5 2 9 1 9
6 5 6 5 7 2 2 4 7 8 5 6 7 6 4 5 4 1 1 2
1 0 3 6 2 9 6 6 9 7 7 0 0 7 6 4 8 2 8 7
2 5 3 7 5 1 9 9 8 1 7 0 8 8 2 5 4 7 5 0
3 2 0 0 2 8 7 6 4 1 1 5 4 8 0 8 3 7 0 4
```

NUMBERS TO FIND

4115	490483	52774
58491	7308	755352
375933	80837	6381
5161	450029	40447
53978	1489	531017

```
8 5 8 4 4 5 2 2 7 8 4 6 8 6 0 4 3 6 9 3
0 2 7 7 9 8 6 6 3 2 1 0 3 9 7 8 6 7 5 9
9 6 4 9 9 9 2 5 9 9 7 3 7 6 6 1 7 0 7 7
6 7 8 2 9 4 4 4 5 4 9 2 3 3 9 1 3 0 6 6
4 0 4 0 2 0 2 5 2 7 8 1 9 2 1 8 2 0 3 0
4 1 1 8 0 8 7 1 5 5 5 3 5 6 1 6 7 5 6 2
4 3 8 3 2 0 0 7 3 6 1 0 5 3 6 1 6 9 5 9
1 7 9 3 3 4 2 2 6 5 1 4 8 3 0 3 6 7 4 3
1 9 9 6 9 1 0 2 8 5 5 3 6 9 7 9 8 4 3 1
3 8 3 0 1 3 9 2 0 8 7 0 2 5 9 7 8 9 0 1
7 9 3 9 6 1 5 5 4 4 6 3 3 7 9 8 4 6 6 4
3 1 0 3 1 6 3 1 1 0 9 9 6 7 5 0 9 2 1 7
0 5 4 3 7 4 8 8 7 6 8 3 3 3 0 1 6 1 5 4
5 3 8 3 2 7 5 0 4 9 1 7 3 6 9 5 6 0 9 6
5 4 7 9 8 6 3 9 1 9 9 0 5 4 5 0 6 6 1 8
2 5 5 8 5 3 7 1 2 2 2 8 3 0 9 2 5 7 1 1
9 3 0 7 1 1 9 5 6 3 2 6 3 4 4 4 3 8 4 4
9 2 5 7 4 3 9 5 4 1 9 8 9 3 8 0 4 0 8 3
3 8 2 3 5 9 9 2 9 8 3 7 7 8 1 5 2 7 0 3
1 6 0 1 2 5 1 1 3 3 5 2 5 3 6 8 5 0 5 1
```

NUMBERS TO FIND

8647411392	5253311	55750899
2103978	42823987	990776573
98911935	800022049	7061196
652851393	36343	29541939
1195160345	6723763	340463775

```
4 8 2 8 9 1 3 2 5 5 8 4 3 2 0 8 6 9 5 1
0 2 3 0 7 2 5 7 6 1 1 4 9 4 7 6 8 7 4 6
1 5 1 8 2 9 1 6 6 5 8 0 0 8 6 9 9 9 5 0
0 9 4 9 5 3 2 0 0 3 9 9 0 4 5 0 4 3 3 4
3 1 8 4 5 9 6 7 9 2 0 4 4 7 5 3 4 3 5 6
2 6 8 8 7 3 5 5 0 5 4 6 6 2 4 3 3 3 7 2
3 8 0 9 4 6 4 9 1 2 5 0 8 7 3 1 4 7 8 6
8 0 8 1 5 6 7 9 6 7 2 2 0 2 5 3 8 1 2 6
2 7 8 2 4 9 5 5 9 7 0 7 0 9 1 6 2 9 7 6
1 7 9 5 3 6 3 8 5 8 8 6 7 3 4 5 5 7 0 2
8 4 7 9 1 9 7 4 7 2 0 6 6 2 9 1 3 7 7 1
9 5 9 9 0 4 6 7 9 0 2 4 4 8 7 3 5 1 1 8
4 1 5 0 9 6 2 1 6 1 7 8 3 1 0 5 7 5 6 7
0 8 3 9 7 8 3 5 6 9 5 9 2 4 8 3 5 9 8 3
1 2 3 9 9 4 4 0 1 5 5 3 4 2 6 1 4 6 3 1
8 2 4 2 6 2 6 2 7 2 5 7 8 3 8 5 5 7 4 2
4 5 3 8 3 7 3 8 9 4 3 7 0 6 3 0 1 4 6 5
1 7 3 8 7 0 3 0 4 2 0 0 9 6 6 3 0 8 1 5
7 2 2 4 6 2 1 9 4 4 2 7 8 7 5 0 2 2 2 3
1 1 2 9 9 3 1 1 3 8 2 9 7 6 5 8 3 0 3 5
```

NUMBERS TO FIND

7554376885	5916591	46624333
2523515	30385679	873125535
74562153	707829134	9046790
135315631	19849	11032384
4370630146	5343574	435510449

PUZZLE #33 | DIFFICULTY: MEDIUM

```
5 0 8 5 0 5 3 4 5 5 3 0 5 5 7 1 2 3 9 6
0 2 3 9 2 5 0 7 3 0 6 3 5 5 6 8 7 8 2 2
8 5 7 9 1 3 2 3 9 9 9 2 5 8 4 6 7 5 7 2
6 6 0 6 5 2 9 6 9 7 9 9 2 3 8 7 0 3 9 2
0 6 3 7 8 1 5 3 0 5 2 4 9 3 2 2 6 6 3 3
6 7 7 1 5 6 2 0 2 5 3 7 7 6 3 3 4 3 8 2
8 1 4 3 3 4 3 8 0 4 7 7 4 9 2 6 9 6 0 9
1 1 9 0 1 1 4 4 5 7 5 6 2 3 1 0 9 0 3 1
4 3 7 9 1 2 1 7 2 4 6 0 9 3 8 9 3 2 5 7
2 6 7 0 2 3 8 3 6 4 7 1 4 6 2 8 1 1 6 3
0 7 6 8 7 5 7 0 9 9 1 2 5 4 4 6 5 9 7 7
3 4 7 3 6 3 9 1 4 7 3 3 2 6 9 8 1 5 8 4
6 7 2 7 2 9 0 3 4 7 1 1 2 9 3 6 8 2 9 9
8 4 8 2 9 0 9 3 8 3 5 4 3 1 3 6 6 1 0 7
1 9 5 4 9 1 3 1 9 6 5 5 7 4 9 0 2 0 7 1
1 7 7 9 5 4 8 5 6 2 0 8 0 3 2 5 1 1 0 6
1 5 0 2 1 2 3 7 1 2 9 5 2 7 4 6 1 5 9 3
7 8 4 6 5 3 7 0 4 7 0 4 0 4 5 0 3 1 2 9
9 5 0 3 3 7 2 7 5 3 4 6 5 5 0 1 0 3 7 3
7 1 3 1 2 9 2 6 0 2 3 4 3 0 1 4 4 5 3 6
```

NUMBERS TO FIND

6461342378	6579871	37497767
2943052	17947371	755474497
50212371	615636219	1159123
242156677	31131	25667113
7546099947	3963385	530557123

PUZZLE #34 | DIFFICULTY: MEDIUM

```
9 6 3 4 2 5 1 1 6 9 0 0 1 9 2 2 7 9 4 0
7 8 6 0 5 0 2 1 2 3 5 8 2 9 1 0 8 3 5 5
4 3 1 4 5 0 3 5 6 3 3 1 1 4 6 6 0 2 6 9
0 9 4 3 4 6 8 6 1 7 8 5 9 1 2 7 6 1 1 2
3 1 2 2 6 6 2 2 0 3 4 1 4 2 7 5 1 0 6 9
3 9 1 4 2 6 5 2 1 2 0 2 4 9 4 1 2 5 3 4
4 0 2 5 8 9 8 5 1 1 4 2 4 5 2 9 6 0 1 5
4 0 8 5 3 3 0 4 5 1 5 9 8 3 6 5 2 8 2 8
3 9 0 5 7 1 4 3 3 2 4 6 1 5 1 4 7 2 1 0
2 5 9 1 4 7 9 3 2 6 7 5 2 2 7 0 2 0 5 0
5 0 2 1 2 8 3 6 1 3 7 3 6 9 6 8 4 8 6 7
9 0 6 8 7 7 6 2 0 7 8 6 2 5 6 0 3 7 9 7
1 7 5 4 8 0 3 5 3 8 7 9 9 9 9 5 1 6 8 3
2 1 2 1 3 3 4 8 2 2 8 1 6 2 8 7 5 9 9 9
3 2 0 1 9 8 9 9 0 3 1 9 9 5 8 0 1 7 2 3
0 4 8 4 0 6 0 1 9 4 5 8 7 8 4 0 0 7 2 0
0 2 6 9 4 3 9 9 5 5 6 8 0 3 2 2 9 1 1 1
5 8 8 5 0 5 5 3 1 9 3 0 5 1 0 2 6 8 7 5
6 6 1 7 9 9 6 5 4 3 4 8 9 9 7 7 2 3 5 8
4 0 3 0 1 8 4 2 6 0 8 8 3 6 9 4 4 9 9 5
```

NUMBERS TO FIND

5368307871	7243151	28371201
3362589	29108355	637823459
25862589	523443304	2700487
348997723	42413	40301842
6331146602	2583196	625603797

```
6 2 9 7 4 9 4 4 1 5 3 0 5 6 8 2 4 6 1 6
1 4 7 2 8 6 5 3 3 5 8 0 2 4 5 8 7 9 3 6
6 5 2 3 9 5 5 4 8 1 3 1 4 1 3 7 2 0 8 9
5 5 0 7 8 9 8 1 4 9 2 7 1 6 5 4 4 2 0 1
4 5 5 3 5 4 3 0 9 8 8 6 7 3 4 9 2 7 1 0
7 6 1 3 7 2 8 2 7 9 1 3 5 6 8 8 3 9 1 4
7 4 4 9 0 9 7 3 1 9 5 6 3 1 4 9 1 5 3 5
5 5 2 3 0 0 6 3 3 4 3 5 0 9 3 3 6 2 2 9
2 3 5 8 3 1 9 2 3 9 8 2 1 5 6 1 6 7 2 4
7 4 9 3 0 2 5 0 3 6 1 5 1 8 8 5 4 9 9 1
8 8 5 7 2 7 2 5 3 2 4 0 8 9 0 4 6 8 2 1
3 3 1 5 1 0 1 4 9 8 9 4 4 1 6 6 3 3 4 2
5 4 9 3 6 5 7 1 5 9 8 0 8 2 9 0 6 6 3 4
5 6 8 4 8 0 6 5 8 0 8 8 4 5 5 2 8 9 4 2
1 8 8 1 1 7 1 7 4 0 5 6 0 2 7 5 3 5 1 7
6 8 4 0 1 8 3 5 7 8 1 0 1 4 1 9 0 7 5 1
1 2 8 8 9 0 2 6 5 3 8 3 4 8 6 1 7 1 0 0
4 1 5 1 8 7 9 7 1 3 4 1 3 4 6 0 9 7 7 2
8 9 6 5 5 9 0 4 0 2 6 9 3 3 9 7 3 7 9 5
3 9 0 4 8 9 5 3 6 9 5 0 3 3 1 7 5 9 8 6
```

NUMBERS TO FIND

4275273364	7906431	19244635
3782126	40269339	520172421
36195891	431250389	4241851
455838769	53695	54936571
5116193257	1203007	720650471

```
4 5 1 7 6 5 8 2 2 4 5 6 2 6 2 8 4 8 5 9
0 2 8 3 5 5 4 1 7 9 6 5 1 8 2 0 0 6 0 4
0 2 5 7 2 6 4 9 7 7 5 2 3 2 5 2 4 2 9 5
1 6 6 7 5 4 0 5 2 2 1 0 9 5 3 1 5 1 0 5
9 7 9 3 6 7 1 2 0 4 4 9 5 6 0 7 6 4 1 6
3 8 7 3 4 0 4 2 1 5 9 7 8 0 1 0 3 7 1 8
5 1 1 7 4 2 1 0 8 9 3 1 7 0 0 0 2 1 4 3
6 8 1 3 7 3 3 9 0 6 9 3 4 5 3 7 6 2 5 3
7 7 0 2 0 2 0 0 4 3 2 3 0 3 4 3 2 5 1 4
4 0 2 5 2 1 3 8 3 0 1 3 2 7 9 6 8 8 8 3
1 7 2 2 6 5 4 5 3 0 6 7 4 1 5 8 2 8 6 3
6 7 0 4 5 2 5 0 1 6 0 7 5 3 0 2 6 0 6 9
5 9 8 6 5 3 8 0 1 2 5 9 0 9 3 9 9 2 8 5
5 1 1 5 6 6 3 0 2 0 2 6 6 8 6 2 3 0 5 0
1 8 1 2 8 8 2 6 9 0 5 8 8 2 6 9 6 4 4 5
2 5 3 9 5 4 9 3 2 1 7 5 4 6 5 9 4 2 1 4
3 4 5 1 1 9 3 8 2 8 7 7 6 1 2 3 2 9 5 7
8 8 0 9 0 3 5 7 5 5 6 2 6 7 9 8 1 5 2 6
7 3 3 3 5 5 4 3 3 2 3 0 3 4 1 5 7 9 0 3
5 2 4 7 2 6 8 0 6 4 2 2 3 5 4 0 8 0 1 6
```

NUMBERS TO FIND

3182238857	8569711	25301034
4201663	51430323	402521383
46529193	339057474	5783215
562679815	64977	69571300
3901239912	3010134	815697145

```
5 2 8 9 2 9 0 0 3 6 3 5 0 1 9 5 9 6 2 7
9 7 5 1 2 6 8 1 3 2 8 4 2 0 6 0 2 9 6 0
1 2 4 0 8 3 2 1 8 7 2 7 7 9 1 3 6 5 9 8
5 6 2 4 2 2 3 6 7 9 9 7 9 9 6 0 6 6 2 9
9 9 2 6 4 5 4 0 5 7 5 3 5 0 9 8 1 9 2 4
7 3 9 7 7 3 3 6 5 9 7 8 7 9 2 4 3 6 8 5
5 1 8 4 1 1 1 4 8 6 9 5 2 6 6 1 4 6 7 9
1 5 3 1 9 8 2 2 7 6 9 0 8 1 1 6 7 3 8 9
1 3 5 5 4 3 4 2 1 3 4 6 2 0 7 8 6 9 7 5
2 5 2 4 7 6 7 3 4 9 2 5 1 4 8 4 9 3 2 5
1 6 7 2 3 0 4 0 1 9 7 1 5 5 4 4 3 0 8 5
6 9 8 2 8 0 0 0 6 1 6 1 9 9 6 6 8 2 4 8
1 5 3 6 8 8 7 1 8 6 9 4 6 9 6 9 2 2 6 9
2 6 7 5 8 4 8 8 9 5 2 3 5 9 2 2 2 4 2 6
9 2 7 2 3 5 3 5 4 6 7 6 4 0 6 3 6 0 1 5
7 1 1 8 4 0 2 4 8 8 6 1 4 7 0 2 2 7 2 5
4 8 1 8 2 0 2 6 7 9 2 3 3 2 4 6 9 9 0 5
3 9 8 8 8 9 5 9 5 5 5 0 3 1 9 8 9 5 0 6
8 8 0 6 9 4 9 8 1 0 3 1 2 1 3 1 5 0 4 3
8 6 1 9 6 5 3 1 5 4 1 7 7 6 2 5 9 3 4 1
```

NUMBERS TO FIND

2089204350	9232991	31357433
4621200	62591307	284870345
56862495	246864559	7324579
669520861	76259	84206029
2686286567	4817261	910743819

PUZZLE #38 | DIFFICULTY: MEDIUM

```
6 1 1 7 6 9 0 0 8 8 6 5 9 4 3 7 1 2 8 4
1 0 5 0 0 6 9 5 0 2 7 0 0 0 7 5 8 7 1 0
1 4 6 8 8 3 0 5 3 4 9 7 7 8 4 7 1 7 9 5
8 1 4 5 9 6 9 3 3 6 3 3 7 6 5 6 3 1 0 3
0 1 9 4 8 8 8 1 9 2 9 2 7 4 0 8 8 4 3 1
8 8 4 8 6 1 8 1 2 8 8 1 1 3 8 8 0 2 0 4
2 0 7 5 9 5 4 9 7 7 6 8 3 1 5 7 6 4 7 7
2 9 6 8 6 1 0 6 3 4 6 7 7 6 3 6 1 9 0 7
2 3 7 9 1 7 7 1 4 8 2 1 0 7 9 6 5 0 3 6
9 8 9 6 9 7 5 7 9 3 7 4 1 3 8 3 2 9 0 9
1 9 3 9 2 1 8 7 1 6 6 3 7 1 5 9 4 4 7 1
5 0 4 3 2 6 3 1 1 3 1 1 4 2 5 3 2 9 6 4
5 2 1 2 5 9 1 9 5 9 2 7 9 9 6 2 7 8 3 0
4 8 8 8 7 1 8 7 8 3 1 7 3 2 1 5 2 0 1 2
4 8 8 9 3 6 2 0 0 3 4 4 2 0 9 4 5 7 0 7
3 3 9 3 7 1 8 7 3 8 1 6 1 1 3 9 0 1 2 7
3 4 2 8 7 4 9 3 4 6 9 3 7 2 4 9 1 4 2 0
6 2 5 4 2 5 2 6 9 6 4 6 5 2 9 6 0 8 1 3
1 6 4 5 2 2 8 3 6 8 3 5 4 8 0 1 1 1 4 8
2 6 3 7 2 7 8 9 8 9 6 0 9 0 4 7 7 4 7 0
```

NUMBERS TO FIND

3524113113	7109303	37413832
5040737	73752291	167219307
67195797	154671644	8865943
776361907	87541	98840758
1471333222	6624388	649476793

```
3 9 3 5 8 9 7 8 6 4 8 4 4 5 8 7 8 1 3 2
1 8 0 1 1 4 9 9 8 4 3 1 5 1 5 7 5 3 7 7
5 4 8 2 5 7 7 8 9 7 3 6 5 2 3 8 8 1 6 8
3 3 0 8 6 4 7 4 3 1 9 0 9 1 6 0 8 1 1 3
7 9 3 3 3 4 1 2 9 3 6 7 9 2 8 8 3 4 8 2
6 0 5 5 5 2 7 4 7 5 0 5 3 2 5 0 1 6 4 4
1 4 6 9 5 9 0 5 3 0 9 3 3 9 8 0 1 2 5 9
5 0 1 7 2 4 9 2 3 4 1 0 5 4 5 0 7 4 0 8
8 4 7 5 2 1 4 9 9 0 7 8 2 6 4 7 8 4 4 5
7 5 5 1 8 9 9 6 9 5 7 0 1 1 5 7 3 8 7 4
2 9 0 3 8 1 9 9 9 1 3 8 2 2 8 3 2 2 7 8
4 2 9 5 9 3 6 3 2 7 0 5 9 3 2 7 3 9 7 4
7 2 8 3 0 3 9 7 8 0 8 0 9 8 1 1 6 5 6 9
2 2 8 8 5 1 3 5 3 8 9 2 8 9 9 1 9 0 2 5
0 5 2 2 4 2 6 3 2 9 2 7 3 4 6 1 1 8 0 3
1 5 3 5 6 0 9 5 9 1 1 0 8 3 2 5 0 6 3 4
6 8 6 9 0 4 3 8 8 1 6 5 9 9 1 4 0 5 0 8
4 1 4 6 2 2 3 0 1 0 2 8 5 7 5 1 2 0 0 6
4 6 9 0 7 0 2 0 6 3 5 2 5 8 6 4 4 1 9 9
3 0 2 3 4 6 3 8 3 5 2 5 0 4 4 7 7 5 1 6
```

NUMBERS TO FIND

4959021876	6843594	43470231
5460274	84913275	233109963
77529099	288711103	7003991
883202953	98823	82331145
3256379877	8431515	388209767

```
4 8 8 8 6 9 8 1 3 5 9 9 8 2 8 5 9 1 9 7
0 7 0 6 1 1 7 0 2 2 9 9 2 7 3 0 0 1 3 9
6 5 1 4 2 0 3 9 2 2 4 9 5 5 9 3 1 8 3 5
8 6 1 1 6 2 7 3 0 0 5 3 7 1 6 7 5 9 4 9
2 9 1 0 3 4 2 2 5 2 8 4 1 3 4 1 5 7 4 8
6 0 7 6 9 6 4 6 5 4 5 0 2 3 1 4 5 8 4 6
4 8 4 9 1 3 9 7 5 2 2 0 9 2 8 6 6 5 5 2
4 1 6 2 3 2 3 7 2 0 3 9 5 9 6 5 5 0 3 8
9 0 4 7 6 6 8 1 8 3 5 9 8 0 6 3 4 7 7 6
5 4 1 4 4 4 0 3 1 8 6 7 1 2 0 1 3 0 8 5
2 2 7 8 2 8 8 3 5 6 0 1 2 0 4 5 9 5 6 8
6 6 1 6 1 2 0 4 9 7 1 9 5 2 6 6 5 6 5 2
6 8 5 2 5 7 2 4 3 3 9 3 6 6 4 8 1 0 9 1
3 7 5 5 6 7 5 4 7 0 9 5 0 6 9 7 9 5 2 5
0 8 4 5 0 9 2 4 0 2 3 3 0 3 4 8 2 9 2 3
7 4 6 8 7 0 4 0 2 2 6 4 6 8 9 4 0 8 4 2
3 9 1 8 9 9 6 2 2 5 3 5 9 0 7 9 5 7 3 8
8 5 7 3 7 1 5 8 7 5 7 5 1 0 6 5 6 8 7 1
5 6 4 9 9 8 1 4 8 4 6 4 6 1 5 7 3 6 5 1
5 8 2 3 8 5 7 1 1 5 1 9 2 7 9 5 9 9 8 1
```

NUMBERS TO FIND

6393930639	6113390	49526630
5879811	96074259	299000619
87862401	422750562	5142039
990043999	75245	65821532
5041426532	7513329	126942741

```
9 8 6 1 5 9 3 0 2 8 6 4 0 9 0 8 6 0 0 4
8 1 2 2 1 2 6 0 9 5 4 6 3 1 2 4 5 3 2 8
1 2 6 2 2 2 2 7 0 8 7 3 1 7 1 7 9 2 1 9
9 0 3 4 1 5 9 5 6 5 9 7 0 4 7 1 5 7 4 6
5 0 4 7 2 0 9 5 4 5 7 8 0 0 8 2 3 3 3 9
7 9 4 3 6 5 3 7 0 9 1 3 0 9 8 3 0 5 5 3
0 7 5 9 1 9 4 2 3 5 3 5 9 0 5 5 7 3 6 7
3 6 4 1 2 1 8 2 2 0 9 1 0 0 7 2 1 3 8 5
5 5 4 5 2 6 1 6 7 0 4 1 1 4 1 9 5 4 1 7
0 5 2 0 4 9 3 8 8 2 8 7 9 9 5 3 9 7 6 0
7 3 3 8 3 1 9 6 3 5 3 2 8 2 1 2 9 4 9 1
4 1 2 5 9 8 8 7 9 6 5 4 5 3 0 9 8 7 8 9
9 7 8 0 9 1 0 1 6 2 6 4 0 7 5 3 1 8 0 4
7 0 2 0 3 4 9 6 8 3 8 6 5 6 8 8 8 9 5 4
0 0 0 8 5 7 7 3 8 1 9 5 4 2 7 7 4 5 4 7
8 5 3 4 9 0 2 8 4 2 1 3 1 3 3 3 8 8 5 3
8 5 8 8 8 6 1 1 9 9 6 3 0 8 0 0 7 2 4 5
1 8 7 0 2 5 8 9 7 0 6 8 2 6 4 7 3 1 8 7
2 2 5 2 2 2 8 9 1 4 0 8 2 5 8 9 7 6 9 1
9 8 7 9 5 2 3 0 6 2 4 3 4 5 6 0 7 0 2 9
```

NUMBERS TO FIND

7828839402	5383186	55583029
6299348	82039516	364891275
98195703	556790021	3280087
800185919	717921	49311919
6826473187	6595143	300987495

```
8 5 3 0 7 4 3 0 4 8 2 9 5 1 2 7 9 6 0 5
1 8 3 8 6 7 6 2 5 6 2 3 0 0 1 2 8 8 5 8
0 2 0 9 8 7 1 7 8 2 1 3 7 4 1 7 4 0 5 3
5 9 8 1 1 7 1 2 5 8 4 4 9 3 8 9 5 0 6 5
8 1 2 8 3 4 9 8 9 8 6 0 9 6 2 2 0 6 5 7
4 8 6 5 9 9 3 3 8 1 2 2 8 8 2 5 7 8 5
8 2 2 9 1 3 2 6 1 8 6 1 0 2 2 4 9 4 0 2
9 4 4 1 8 4 6 2 1 3 5 9 1 7 4 7 2 7 9 2
4 9 8 5 7 0 5 6 7 0 6 7 3 2 7 0 5 5 9 0
5 3 9 1 0 3 7 4 8 2 1 5 2 5 2 2 8 0 7 3
6 6 1 4 3 4 8 5 2 8 2 6 9 2 2 9 7 3 7 4
0 1 5 3 4 1 6 8 6 4 8 6 1 1 3 6 1 2 1 7
3 6 1 9 6 1 0 6 8 7 7 8 7 0 4 3 0 2 8 7
2 8 1 5 0 9 5 6 8 6 6 0 6 2 3 1 7 4 3 5
0 4 6 8 1 7 6 4 5 3 6 0 8 7 6 2 3 9 3 1
8 3 8 9 6 5 8 6 3 2 4 4 2 7 0 1 7 1 3 2
2 9 7 6 8 5 1 0 6 1 3 7 9 7 1 1 8 8 7 1
3 1 2 8 9 2 5 6 4 7 4 7 3 2 8 1 7 8 3 3
4 4 3 1 6 3 8 5 0 2 8 3 4 8 4 1 1 1 0 9
1 9 8 5 8 7 1 5 3 2 1 9 9 1 5 8 1 3 0 0
```

NUMBERS TO FIND

9263748165	4652982	61639428
6718885	68004773	430781931
89185915	690829480	1418135
610327839	904825	32802306
8611519842	5676957	475032249

```
2 4 5 1 5 5 6 4 3 0 0 7 7 0 9 4 6 8 3 6
0 8 9 5 9 2 4 8 3 6 5 8 5 6 3 7 7 9 4 4
6 2 2 0 7 2 4 5 3 7 4 0 0 1 9 8 9 0 8 2
1 3 5 4 3 6 9 7 2 0 4 7 4 1 9 8 3 8 0 5
6 3 4 4 8 3 3 0 0 0 5 9 2 2 0 8 3 2 2 9
2 3 9 9 9 6 4 6 2 1 7 9 2 1 7 2 8 6 5 2
8 0 6 6 0 2 8 9 3 7 5 2 1 0 6 7 6 0 9 2
4 8 4 6 2 2 7 9 6 8 9 7 3 0 6 7 2 8 6 1
3 1 8 7 2 1 9 0 3 5 6 1 8 5 0 6 1 1 3 7
1 4 4 2 2 4 5 8 0 9 9 0 4 0 9 3 5 0 2 4
4 4 2 5 0 2 7 3 4 5 1 6 2 1 9 9 5 5 8 5
3 3 4 8 4 2 9 9 7 7 3 6 7 6 9 5 8 2 7 9
9 9 1 7 7 4 6 4 2 1 4 4 2 0 6 1 9 5 5 5
8 8 2 9 5 3 4 1 8 4 8 9 4 2 1 8 4 5 4 0
6 1 1 2 8 9 0 1 5 7 2 2 4 8 3 1 7 1 3 2
6 2 6 2 7 9 2 7 1 6 7 9 4 6 6 5 6 3 0 1
0 1 1 6 7 7 4 5 1 8 6 9 2 9 5 9 1 3 6 5
6 9 3 2 1 7 8 6 5 2 1 1 5 9 1 7 8 3 2 4
8 4 1 4 4 5 0 8 3 1 2 0 8 8 5 4 9 9 4 8
5 9 5 3 9 7 0 0 3 0 7 1 3 1 3 1 0 6 8 0
```

NUMBERS TO FIND

8136456782	3922778	67695827
7138422	53970030	496672587
80176127	824868939	1026834
420469759	711493	16292693
1036566497	4758771	649077003

```
9 9 8 0 9 5 5 1 7 8 8 9 7 7 9 8 5 6 2 5
6 8 8 6 5 3 1 5 3 0 0 0 5 8 4 6 4 5 5 1
9 9 5 7 8 8 5 6 8 2 0 1 7 9 2 3 2 6 9 1
7 3 3 3 8 5 1 8 3 5 8 9 6 5 1 2 2 7 3 8
6 8 3 2 2 3 2 3 7 7 0 0 1 2 4 5 1 1 7 1
8 0 1 9 3 5 1 9 1 5 4 4 5 6 6 0 4 4 6 1
2 9 7 8 9 6 0 1 1 6 0 1 8 3 5 5 1 2 1 3
3 8 2 3 5 3 6 6 8 2 3 9 2 3 6 3 2 5 1 5
8 5 6 8 5 6 5 6 8 6 5 4 2 2 6 5 9 7 1 9
7 9 4 6 3 0 4 2 1 0 3 2 2 9 5 6 7 9 9 6
7 2 9 3 4 1 3 8 8 3 1 3 7 8 2 3 8 0 8 3
0 1 9 1 3 8 1 6 8 7 2 0 4 5 0 9 5 1 4 0
6 8 7 7 4 2 7 7 5 2 7 5 6 2 8 2 5 9 7 6
1 6 8 1 1 7 3 9 8 2 3 1 2 1 7 5 7 3 6 1
1 2 6 3 4 7 5 4 1 9 5 0 7 2 6 3 3 6 1 0
6 6 7 5 5 3 4 2 3 8 3 3 3 5 6 2 7 6 1 5
4 6 1 2 2 8 0 7 9 7 0 9 8 3 5 9 7 2 2 5
9 9 2 6 5 5 7 0 8 1 6 4 4 0 4 0 0 8 1 1
7 2 3 9 5 9 7 5 5 7 3 5 9 3 5 2 7 6 6 3
6 6 1 3 9 9 9 9 7 6 1 1 6 0 3 2 0 9 2 0
```

NUMBERS TO FIND

7009165399	3192574	73752226
7557959	39935287	562563243
71166339	958908398	3145622
230611679	116077	16726533
1218163152	3840585	823121757

```
1 2 1 7 7 5 1 2 9 7 3 5 7 9 0 0 2 0 8 0
2 0 5 3 1 7 1 4 9 3 4 0 6 6 1 3 3 7 1 6
4 1 5 2 4 3 9 7 9 8 0 8 6 2 5 7 1 3 4 2
7 5 5 0 2 0 1 4 4 6 2 5 7 5 7 5 3 2 1 8
2 5 9 0 0 5 4 4 1 8 3 6 6 1 9 1 6 6 4 4
7 1 5 5 6 5 1 2 6 8 3 2 2 5 4 4 0 4 9 5
0 2 1 9 2 2 2 3 5 1 5 7 9 0 4 3 5 2 5 3
5 8 9 2 3 4 2 2 4 6 3 8 9 2 9 4 6 1 7 8
1 8 7 0 4 1 6 7 8 5 6 0 9 7 1 7 4 8 0 9
5 7 8 9 3 7 1 7 2 9 0 1 1 5 6 6 1 7 9 9
0 4 3 1 1 3 7 6 5 3 5 9 6 7 4 5 6 3 5 6
4 3 4 1 8 3 6 5 7 1 1 8 9 9 3 9 3 4 5 4
8 0 5 2 6 7 9 5 5 8 9 2 0 5 1 9 2 6 3 0
3 6 9 7 9 7 4 6 1 1 8 6 8 7 1 3 3 4 1 3
8 5 9 4 5 5 9 0 9 2 6 9 4 6 4 2 3 0 5 6
4 9 6 9 0 3 4 1 1 5 1 4 0 6 3 2 0 0 2 7
8 5 0 5 8 0 5 0 0 6 2 7 6 6 2 9 9 4 7 6
0 3 1 4 3 6 0 0 7 3 6 7 3 1 2 2 6 1 8 2
4 6 8 5 0 1 4 8 7 9 5 9 4 8 8 8 5 0 6 7
5 9 1 6 8 4 3 9 4 7 4 7 3 3 8 9 3 3 7 4
```

NUMBERS TO FIND

5881874016	2462370	79808625
7977496	25900544	628453899
62156551	822341134	5264410
345996018	311678	33236146
3771273526	2922399	997166511

```
5 5 4 1 6 1 1 8 6 5 8 0 1 6 1 3 1 6 0 2
8 3 8 9 7 4 5 7 2 3 2 2 9 9 6 4 5 7 1 3
7 1 8 3 7 1 3 2 4 8 3 0 7 8 8 1 6 7 7 0
0 4 2 8 8 3 9 7 0 3 3 8 7 3 7 0 8 4 4 1
7 6 4 0 4 4 8 4 4 0 6 1 5 4 8 1 5 6 7 2
0 7 6 6 1 2 3 7 1 6 8 8 6 2 5 3 8 1 1 0
6 6 5 1 1 7 5 1 6 9 3 0 4 9 9 3 1 6 4 0
6 3 6 0 3 8 8 5 6 4 2 1 7 9 1 7 4 9 3 4
9 6 8 6 0 2 5 5 4 5 6 6 5 4 7 4 9 2 8 2
7 5 3 0 8 3 1 6 4 0 4 7 9 7 9 8 9 5 6 1
3 9 6 9 6 8 4 5 7 7 8 7 8 7 6 6 5 7 4 3
7 6 8 5 7 7 3 8 7 0 1 9 4 3 1 5 0 4 7 5
5 5 5 4 4 3 4 9 6 1 3 5 6 1 5 4 7 4 7 6
7 4 2 5 5 9 9 6 9 4 7 3 3 5 0 7 2 5 0 8
2 4 7 0 6 0 7 0 9 5 8 4 1 2 5 0 7 2 1 5
8 6 6 8 6 6 4 5 9 5 9 5 6 5 5 3 9 3 2 1
0 2 4 7 5 4 5 8 2 6 3 3 4 6 4 0 5 0 5 8
8 2 1 8 3 1 9 9 2 9 9 8 8 5 6 2 5 1 0 5
4 0 3 2 3 9 0 4 0 1 2 5 7 3 4 2 5 6 4 0
5 5 7 2 0 9 4 6 0 7 8 5 8 3 8 1 7 9 5 8
```

NUMBERS TO FIND

4754582633	1732166	85865024
8397033	11865801	694344555
53146763	685773870	7383198
461380357	507279	49745759
7467951871	2004213	588992991

```
1 8 1 8 3 1 7 0 6 8 5 3 9 7 3 8 9 7 6 6
8 8 7 3 6 6 2 8 1 4 8 0 0 1 3 5 5 8 0 0
2 5 1 3 7 3 2 4 9 0 5 0 8 1 9 7 8 3 7 7
7 5 0 6 4 9 2 1 1 2 1 0 5 0 5 9 9 0 5 2
3 7 3 8 5 2 9 2 3 6 2 7 2 9 1 2 5 0 6 4
5 6 1 3 5 5 8 0 3 2 6 5 7 2 0 6 8 0 1 7
5 1 0 1 3 2 1 5 9 7 4 7 5 9 9 7 8 0 8 8
2 7 5 2 9 6 2 0 6 8 6 4 6 2 7 6 7 1 8 8
6 4 6 1 2 5 0 4 3 0 2 6 9 7 9 5 2 2 6 3
6 9 5 6 3 3 6 6 7 7 6 3 0 6 4 7 2 2 3 9
7 1 5 7 8 9 7 4 6 1 1 6 4 6 3 0 2 1 6 5
5 8 5 8 6 3 0 1 2 0 1 9 7 1 7 4 4 3 1 6
8 0 7 6 9 8 2 9 7 1 2 4 5 0 2 1 2 3 5 5
6 8 9 3 2 4 2 4 2 3 0 9 2 0 2 5 3 9 8 8
9 1 6 5 0 0 4 5 1 9 0 8 4 7 1 4 4 5 5 0
4 6 3 2 5 7 3 2 5 2 8 2 8 5 7 9 7 3 9 1
8 2 1 3 9 2 3 4 2 0 9 7 4 6 2 4 8 4 3 3
9 2 4 9 0 2 3 4 7 3 9 1 0 2 5 2 6 6 6 6
9 0 4 6 5 1 1 6 4 6 5 4 9 0 6 6 5 6 0 7
4 8 7 6 1 1 6 7 9 8 4 5 2 4 4 2 7 8 7 1
```

NUMBERS TO FIND

3627291250	2520193	91921423
8816570	23591945	760235211
44136975	549206606	9501986
576764696	702880	66255372
1164630216	1086027	180819471

```
3 4 2 9 5 8 6 9 0 2 0 1 7 3 5 1 1 5 6 7
6 5 5 5 9 0 6 9 3 4 0 4 2 2 2 3 8 0 1 0
9 3 4 6 0 8 9 8 4 8 1 7 3 5 9 4 4 1 6 1
2 0 8 7 2 1 3 5 3 0 1 7 7 0 1 8 6 5 9 3
4 9 0 6 8 5 1 2 2 1 7 2 8 1 1 5 4 2 8 7
0 4 7 8 1 8 3 5 6 1 6 6 4 1 8 3 8 1 0 0
3 1 3 9 3 6 4 8 2 9 7 9 8 0 0 3 8 2 8 1
0 2 8 9 1 6 3 0 6 4 7 6 3 5 9 5 9 6 1 6
2 9 3 9 7 5 8 2 4 6 5 1 4 5 2 4 9 2 3 3
2 6 5 9 8 3 3 4 4 6 6 6 0 4 9 1 2 2 5 2
8 9 6 9 4 8 7 0 2 8 9 4 2 4 7 9 6 2 3 9
7 7 9 4 7 5 7 3 4 4 9 2 8 7 5 2 1 2 0 8
7 9 3 2 8 0 7 6 2 2 3 0 2 2 8 0 3 3 8 4
9 0 0 6 1 0 4 6 3 0 2 9 5 5 3 0 8 7 8 8
7 3 8 2 7 6 4 9 8 5 7 8 3 2 5 1 2 0 9 5
9 3 4 9 2 5 2 9 3 9 1 6 3 6 2 7 1 8 3 7
5 3 9 8 1 3 9 3 9 0 4 1 7 1 2 6 9 0 9 2
4 9 7 5 5 3 3 3 7 1 0 9 3 4 0 1 4 9 3 7
2 5 5 9 3 1 3 3 5 3 2 8 1 3 8 7 4 5 1 4
4 9 9 4 0 5 5 9 0 5 4 3 6 3 0 6 3 7 1 4
```

NUMBERS TO FIND

2499999867	3308220	97977822
9236107	35318089	826125867
35127187	412639342	1257269
692149035	898481	82764985
4861308561	2240439	331153678

PUZZLE #49 | DIFFICULTY: MEDIUM

```
8 5 2 2 7 6 0 7 2 0 7 8 1 7 0 1 9 1 4 4
4 5 8 2 7 7 7 7 5 1 1 7 6 3 6 1 1 3 3 9
0 2 4 4 6 2 8 7 9 8 6 4 5 6 3 6 4 4 0 7
5 9 9 8 8 7 5 4 2 4 9 3 2 5 6 1 0 2 9 8
7 8 0 1 9 7 5 6 0 7 9 6 6 3 7 0 1 5 1 8
6 7 1 4 3 8 1 8 1 0 7 1 2 7 7 0 4 1 4 4
0 9 6 8 4 9 7 9 0 3 2 6 4 8 9 2 4 6 6 7
5 4 6 7 8 9 5 4 1 8 0 4 4 2 2 9 3 4 3 9
8 2 0 8 4 2 3 7 2 0 0 1 6 1 3 0 7 3 7 0
8 2 3 8 8 7 3 9 5 3 3 1 6 3 5 3 5 1 0 1
3 2 1 5 0 4 5 6 3 5 1 2 3 9 3 2 5 6 8 1
9 9 6 1 7 5 8 5 5 7 6 0 0 3 8 2 0 2 3 4
8 0 4 6 2 9 7 0 3 8 0 9 5 5 2 9 1 9 0 5
4 2 8 3 7 8 8 9 6 0 1 7 1 2 6 4 6 4 4 5
2 3 6 8 3 2 9 6 1 1 0 6 1 8 6 3 4 9 2 2
6 1 7 6 1 9 0 1 1 8 0 6 9 5 8 6 1 0 7 9
9 0 3 5 4 1 4 5 3 4 5 7 4 5 2 0 5 8 7 5
0 2 0 2 3 1 1 8 0 9 5 6 0 9 0 6 2 4 4 4
4 0 5 1 5 0 5 4 5 5 0 4 0 6 1 3 6 5 4 1
7 0 5 1 3 2 1 0 8 1 1 5 1 2 8 0 7 4 7 8
```

NUMBERS TO FIND

1372708484	4096248	84002463
1512807	47044233	892016523
26117399	276072078	3116367
807533374	109482	99274598
8557986906	3394851	481487885

```
0 9 0 8 6 3 8 3 3 9 0 5 4 3 9 0 1 7 8 3
6 9 0 9 7 8 1 6 2 5 4 2 8 6 5 7 5 0 9 8
7 7 8 6 4 0 9 1 0 9 9 5 8 8 7 9 2 0 9 3
9 5 9 2 2 9 1 7 7 1 3 1 4 6 9 5 1 2 9 9
5 5 2 0 8 6 6 7 8 1 0 4 2 3 0 3 6 7 4 4
1 9 5 9 9 7 7 7 6 9 0 2 7 9 7 0 2 1 1 4
7 8 0 5 5 3 4 9 1 2 3 7 5 7 1 4 2 0 2 9
9 2 7 0 0 7 8 8 3 8 8 1 6 1 7 1 9 4 0 7
3 6 9 7 4 8 3 5 4 3 9 2 9 1 9 4 1 1 0 5
7 5 7 0 8 2 4 2 0 7 9 3 5 2 1 1 3 4 1 4
2 8 3 5 2 8 8 7 5 4 5 8 6 1 9 8 2 1 1 6
5 4 5 2 3 2 7 5 3 1 6 8 1 8 6 4 9 0 2 5
6 6 1 1 3 8 8 7 6 4 3 1 1 3 4 8 0 3 0 7
1 7 1 4 7 4 3 1 1 7 4 2 1 6 1 5 9 3 5 1
3 6 2 9 4 5 4 7 3 1 6 7 6 5 7 8 4 3 1 6
8 1 6 5 3 9 4 4 8 6 6 4 2 9 1 9 0 7 0 7
8 0 3 1 9 7 8 0 5 1 8 0 0 8 5 7 1 2 1 3
1 9 0 8 8 7 1 3 9 5 0 4 8 1 4 6 6 5 7 6
9 3 0 0 4 9 0 3 5 5 9 5 6 7 2 5 3 9 3 0
7 9 4 2 6 0 4 7 4 3 2 2 5 9 9 0 9 4 6 4
```

NUMBERS TO FIND

1005790493	4884275	70027104
2223819	58770377	957907179
17107611	139504814	4975465
922917713	679517	84664424
4311346788	4549263	631822092

```
1 8 5 2 5 4 3 9 4 4 3 1 1 3 9 2 4 5 2 1
3 1 1 5 4 8 0 3 3 6 5 4 3 8 6 6 1 2 6 9
1 4 2 9 4 4 9 5 9 9 4 2 1 6 7 0 1 2 1 5
7 7 1 3 0 7 0 3 9 1 1 3 5 4 2 4 3 6 9 9
5 9 9 8 7 7 6 7 1 8 2 5 2 2 1 0 6 8 6 2
7 7 2 9 5 7 9 2 4 3 0 1 9 1 1 3 1 9 7 3
7 2 6 2 2 1 8 5 1 8 7 5 5 3 5 9 5 5 6 2
0 5 6 4 7 6 6 1 2 7 8 0 4 3 7 5 8 0 1 1
1 6 2 0 2 0 5 2 2 6 8 4 9 6 9 8 6 6 4 2
4 1 1 9 5 8 8 1 9 1 5 0 9 3 8 3 4 0 5 5
1 9 4 1 0 7 8 2 2 0 1 5 4 3 0 2 1 4 5 6
0 7 7 0 1 9 5 2 7 8 7 0 5 2 4 5 0 0 7 9
2 4 5 7 6 3 0 7 5 8 7 3 2 4 0 9 4 0 5 4
5 2 7 3 1 4 1 1 1 2 9 8 1 1 0 8 4 2 2 0
4 8 8 4 7 9 0 3 0 1 8 6 6 2 9 5 9 9 4 7
5 1 6 3 7 3 3 2 1 5 6 6 3 5 2 3 0 0 8 6
2 4 0 9 0 5 3 9 7 9 2 9 2 9 3 4 8 3 1 8
6 7 3 0 2 0 2 8 6 6 7 3 0 6 6 3 4 0 6 8
5 0 1 0 1 7 8 8 3 1 3 3 6 0 1 6 7 5 3 8
4 5 6 7 2 3 0 2 9 2 4 4 7 1 2 7 9 5 2 4
```

NUMBERS TO FIND

8147972561	5672302	56051745
2934831	70496521	141150812
33215663	243019113	6834563
801189211	146851	70054250
7475	5703675	782156299

```
7 6 5 5 7 4 0 0 0 7 5 1 9 1 5 7 5 2 2 6
9 8 1 5 6 7 0 4 4 4 5 5 8 0 3 5 5 4 4 1
5 3 0 4 0 9 6 5 8 1 9 3 9 5 8 9 1 3 9 7
1 0 6 8 9 5 6 3 1 9 6 7 7 6 3 8 6 3 8 5
7 5 8 7 5 7 4 1 9 9 8 4 7 1 8 9 5 6 9 6
3 1 7 4 0 8 6 9 8 9 4 4 6 8 4 4 3 0 5 4
2 4 7 5 9 6 6 9 7 1 3 0 1 0 7 0 5 9 8 3
3 0 0 3 3 6 0 3 2 9 8 3 0 2 3 2 0 1 2 5
9 3 6 9 0 4 6 2 3 3 4 5 9 6 0 3 3 6 2 6
4 3 6 8 6 4 1 6 8 1 6 9 5 7 2 4 0 2 2 0
0 8 2 0 5 2 9 9 5 3 8 2 3 8 5 5 7 4 7 2
3 8 6 8 2 3 5 4 4 3 7 9 1 3 6 6 9 2 7 4
8 2 4 3 6 0 6 0 5 0 9 4 2 3 9 3 2 0 5 5
1 3 5 9 8 4 9 1 1 6 4 1 9 3 1 5 6 7 4 6
9 3 8 1 9 8 6 8 4 0 9 5 1 9 7 0 7 6 3 6
5 2 9 0 7 0 6 4 9 7 6 9 1 8 1 6 2 3 4 2
8 3 9 8 6 8 2 6 0 8 3 1 0 8 0 5 3 8 6 2
4 8 8 4 7 0 2 0 3 3 6 4 3 9 4 5 0 6 7 2
1 5 2 4 2 7 8 8 0 2 2 0 7 6 8 8 5 3 1 2
3 4 6 5 3 3 4 1 2 1 9 9 7 0 3 8 9 9 1 8
```

NUMBERS TO FIND

3544379136	6460330	42076386
3645843	82222665	313919991
49323715	346533412	8693661
679460709	225751	55444076
8569	6858087	932490506

```
6 3 2 0 0 8 6 7 5 3 8 4 2 7 8 4 3 7 9 6
0 1 7 6 7 1 3 4 5 6 0 8 2 2 4 8 5 6 1 7
0 5 1 3 8 7 7 6 6 9 9 1 7 7 4 4 7 2 6 3
7 0 3 2 4 3 6 9 7 2 7 2 8 1 9 4 8 9 2 4
0 5 8 7 0 6 5 3 8 0 4 9 9 1 1 0 0 4 5 0
0 0 8 7 6 5 8 1 9 8 2 9 8 3 9 9 0 3 2 8
3 5 4 1 6 0 5 0 6 1 0 2 3 8 5 2 4 4 2 3
3 2 7 7 1 0 1 4 9 8 5 2 3 5 9 8 3 5 7 3
2 4 1 2 4 7 9 2 0 1 3 3 1 7 1 1 6 0 6 9
1 3 4 3 2 1 1 3 7 9 5 6 2 5 7 7 8 0 5 0
9 9 7 6 2 9 9 0 3 3 3 6 1 4 2 5 3 4 6 2
9 0 6 1 8 8 9 5 7 2 6 9 8 9 0 1 5 7 2 4
2 4 9 9 9 6 8 5 9 9 6 2 2 5 1 2 1 7 9 4
1 4 9 0 5 6 0 8 0 6 8 9 4 6 0 3 1 1 9 3
3 5 3 1 9 8 5 6 4 0 3 8 9 4 1 2 8 1 2 4
2 9 6 7 3 4 7 5 1 2 0 3 9 2 8 3 6 2 0 5
8 7 4 4 1 0 4 3 8 8 0 7 3 8 2 6 0 3 6 7
5 7 6 2 0 8 8 4 9 7 6 9 8 7 0 2 3 0 9 6
9 3 2 6 2 3 5 5 0 2 3 0 9 3 9 4 8 8 0 9
7 2 8 1 6 1 0 5 5 2 8 3 7 5 3 9 2 0 7 9
```

NUMBERS TO FIND

4771996677	7248357	28101027
4356855	93948809	486689170
65431767	450047711	7413323
557732207	304651	40833902
9663	8012499	108284713

```
7 8 4 6 6 9 8 3 6 3 5 6 5 0 5 2 1 6 9 4
3 7 2 2 1 1 3 0 2 3 6 6 8 6 6 5 2 1 4 1
9 7 4 8 5 1 3 4 2 3 3 3 1 1 6 7 8 3 7 6
5 6 5 1 5 7 8 0 3 6 3 8 4 3 9 3 0 0 4 0
7 7 2 2 9 3 0 4 9 2 0 3 0 8 2 1 2 3 5 5
6 9 7 4 8 0 8 3 0 4 0 0 1 2 4 9 5 9 6 5
6 6 6 1 9 5 2 8 7 6 3 4 2 1 9 9 8 3 0 6
0 9 8 6 4 8 4 1 4 3 0 8 9 6 2 7 2 5 5 6
9 1 7 9 9 5 9 0 9 1 7 7 5 4 1 6 4 5 8 5
3 6 6 9 8 1 7 9 5 2 3 6 6 4 3 0 6 1 4 6
3 6 0 9 2 0 9 3 1 9 0 4 2 2 9 0 4 8 2 3
7 9 5 5 7 7 0 1 5 1 9 1 8 9 3 5 1 8 2 0
2 1 2 2 3 7 2 7 9 0 7 2 1 0 5 8 6 0 0 9
9 1 2 1 2 0 5 5 3 6 7 4 3 9 6 2 4 3 5 5
0 1 1 6 2 2 4 9 8 3 3 3 5 8 8 2 3 9 1 8
3 2 3 0 6 9 4 8 0 6 8 7 0 0 3 4 6 3 8 4
8 7 9 7 2 0 7 5 3 2 4 5 4 0 9 5 8 2 3 1
8 0 2 2 9 0 9 8 0 0 6 1 0 5 6 6 5 6 5 0
4 6 0 1 0 2 6 5 3 5 5 9 6 8 5 3 1 1 7 4
9 5 2 5 8 6 7 3 3 5 8 1 1 2 0 1 4 3 7 1
```

NUMBERS TO FIND

5999614218	8036384	14125668
5067867	72211302	659458349
81539819	553562010	6132985
436003705	383551	26223728
7999	9166911	233311678

```
4 7 1 6 0 8 8 2 6 7 3 8 5 1 8 3 7 2 8 1
8 9 8 5 2 6 1 7 3 8 7 5 1 7 9 3 2 1 5 1
6 5 9 2 5 5 1 6 8 4 9 7 3 5 7 5 0 0 5 1
3 1 8 1 6 7 4 5 5 2 6 3 7 8 9 8 4 6 0 9
5 5 7 2 2 4 5 0 9 4 9 7 3 2 6 8 8 7 2 0
2 8 8 1 3 3 0 4 9 1 1 2 4 5 0 6 7 7 2 2
6 1 3 3 3 5 8 2 8 0 6 5 3 7 2 4 7 1 9 2
8 9 2 3 3 0 0 0 3 8 1 1 5 2 6 1 6 6 1 2
7 8 2 7 9 8 0 1 3 7 4 4 9 2 9 7 7 6 8 5
2 5 1 2 5 0 6 3 4 2 4 5 9 2 0 8 2 3 0 8
6 6 4 7 3 5 6 4 7 6 5 3 7 3 1 7 5 5 1 9
9 6 4 6 3 4 2 5 3 8 5 7 6 8 7 4 5 0 3 1
8 4 2 8 6 9 2 7 7 1 3 7 1 6 2 6 2 4 8 3
6 0 8 1 3 0 0 8 4 1 1 3 3 7 4 7 8 7 6 8
7 5 8 6 3 4 1 1 7 1 6 3 5 9 4 9 5 3 9 3
9 0 3 6 7 0 7 5 6 2 1 9 3 6 6 6 0 7 9 3
2 8 6 9 2 0 5 7 4 5 1 3 3 5 1 2 2 9 6 9
9 0 1 8 7 4 5 6 7 7 2 2 7 2 3 1 7 5 9 6
5 1 2 1 7 0 3 7 8 1 1 4 7 4 4 6 7 6 8 5
6 6 7 8 3 8 0 2 2 2 8 9 6 9 0 6 1 6 6 4
```

NUMBERS TO FIND

7227231759	8824412	30003811
5778879	50473795	832227528
97647871	657076309	4852647
314275203	688533	11613554
6335	8321994	358338643

```
1 2 6 8 1 8 9 8 2 9 3 4 2 1 6 9 2 8 6 3
7 8 0 5 0 1 4 5 9 1 8 8 5 4 2 9 4 5 3 3
3 7 3 5 8 1 8 7 1 3 9 9 3 8 3 1 0 8 0 0
5 3 7 9 0 3 9 1 7 2 9 6 8 6 1 3 8 1 6 4
5 6 1 8 4 2 9 1 6 7 3 6 7 0 4 7 3 9 4 1
5 4 4 8 1 6 6 0 4 3 7 7 8 3 2 4 3 8 9 3
7 8 7 8 9 1 2 6 2 9 7 2 2 4 3 5 1 7 5 8
0 7 1 4 4 2 7 9 9 0 1 2 3 5 5 1 4 2 2 3
9 2 8 5 2 3 1 5 1 9 5 9 3 3 4 7 7 0 0 5
1 3 2 4 2 0 7 0 9 2 2 0 2 8 7 3 6 2 8 8
9 4 6 8 6 5 1 7 2 0 0 3 3 6 4 9 2 3 2 8
2 9 2 4 8 5 8 0 0 6 3 8 8 0 3 4 4 3 5 4
5 5 8 9 3 3 6 5 4 7 9 8 8 3 1 5 8 8 2 6
4 0 7 3 2 1 4 8 5 9 7 6 7 1 9 2 7 7 0 4
6 3 3 0 8 2 9 6 2 6 1 4 4 2 9 2 1 9 6 0
7 2 2 0 3 8 0 5 1 1 0 7 7 0 3 1 5 7 1 6
0 3 4 6 9 2 1 2 6 6 1 0 6 3 6 1 9 6 8 5
1 2 0 1 0 2 8 0 6 5 6 3 3 8 4 6 2 9 7 6
6 0 1 3 4 3 0 0 9 8 1 9 0 3 2 7 5 3 3 4
1 5 9 5 3 3 5 4 8 0 6 0 9 5 0 6 7 4 0 0
```

NUMBERS TO FIND

8454849300	9612439	724392005
6489891	28736288	1471826
81919930	760590608	3572309
192546701	7477077	29966205
4671	45881954	483365608

```
3 0 3 2 8 5 7 5 1 2 4 7 3 2 8 7 2 1 4 9
2 8 6 7 0 4 3 3 6 1 7 6 0 0 9 7 6 7 8 6
5 8 5 1 3 3 8 8 4 2 1 6 2 3 0 2 6 0 3 7
3 3 1 4 6 7 2 9 9 2 8 3 8 7 7 3 3 0 0 7
2 2 9 1 9 7 1 5 8 6 4 8 8 3 2 0 2 7 7 7
4 7 4 4 1 5 0 8 2 2 5 0 0 5 3 9 1 3 4 3
3 6 0 8 3 9 2 5 7 3 7 6 2 1 0 6 6 7 9 7
0 4 0 6 5 4 4 9 6 2 2 5 7 7 0 1 0 6 1 1
6 0 2 2 2 0 7 7 0 9 7 1 9 1 1 0 9 9 6 3
4 4 1 3 1 8 6 0 8 3 4 8 9 6 4 7 1 1 6 6
9 3 0 0 8 3 9 2 5 8 6 0 8 5 9 9 6 2 9 2
8 8 2 3 9 0 8 8 6 6 5 6 2 8 7 5 5 3 1 1
0 8 7 1 3 5 7 6 6 9 7 4 0 4 5 7 8 1 2 7
5 7 0 5 5 3 4 9 8 9 1 9 1 6 6 5 8 0 6 1
6 2 3 2 3 2 2 1 3 1 0 1 4 6 3 3 1 1 5 6
9 1 5 0 8 9 9 9 1 6 9 8 8 3 0 6 3 7 5 7
6 9 0 6 1 6 5 2 6 9 2 0 8 3 5 3 8 2 3 3
1 8 9 7 3 1 7 2 3 0 6 4 2 1 8 0 4 3 9 7
1 0 4 6 8 7 0 9 4 0 1 4 6 8 2 9 9 1 8 5
3 3 1 9 0 1 5 4 3 4 3 1 8 7 1 6 5 5 7 7
```

NUMBERS TO FIND

9682466841	8201045	616556482
7200903	34510913	3664856
66191989	864104907	2291971
288010012	6632160	48318856
3007	61760097	608392573

```
4 9 6 0 8 0 0 6 6 7 5 9 7 0 1 0 3 8 1 2
5 9 9 1 5 6 9 8 7 6 3 4 4 7 0 2 8 3 4 3
8 5 7 8 7 2 4 3 5 5 8 7 2 6 1 7 1 9 5 0
6 8 9 0 2 7 6 6 7 9 8 6 3 1 1 6 3 0 0 3
2 3 5 6 2 0 8 6 3 0 5 3 0 5 3 3 9 4 8 0
2 2 9 4 0 5 6 1 3 9 2 5 0 1 5 5 3 8 7 5
4 3 9 1 7 1 1 5 7 6 4 6 5 9 3 9 3 9 2 9
5 3 5 8 6 7 5 9 4 6 0 2 9 1 6 7 6 9 0 1
7 7 5 9 7 6 3 8 7 9 4 1 0 1 6 4 1 5 9 1
0 4 1 7 0 6 7 7 1 6 1 7 0 9 5 3 4 1 5 8
6 3 5 4 4 6 6 4 0 2 2 1 6 7 4 6 3 4 9 6
5 8 4 3 8 3 6 1 6 6 2 1 3 5 2 7 1 9 3 9
6 3 1 8 8 1 3 4 8 7 9 4 8 7 1 9 2 7 2 4
4 9 2 2 5 7 6 8 5 0 8 4 5 7 7 3 0 0 0 2
7 7 4 0 0 5 9 4 7 2 3 6 3 8 2 8 3 2 9 7
1 0 6 4 1 9 3 1 9 6 1 0 2 9 7 0 8 4 5 0
6 5 3 8 5 0 4 6 4 0 4 8 9 7 2 5 1 7 2 8
2 6 3 8 2 7 3 3 4 1 9 5 3 8 5 1 6 6 0 3
9 7 4 6 8 7 8 8 3 6 8 4 2 3 0 2 6 5 2 4
1 9 7 3 4 3 1 6 0 0 4 3 8 2 4 2 1 7 6 9
```

NUMBERS TO FIND

8773119456	6789651	508720959
7911915	40285538	5685785
50464048	967619206	4331567
383473323	5787243	66671507
1343	77638240	733419538

```
6 3 4 7 2 7 6 2 1 6 4 5 4 7 7 0 7 4 3 6
6 1 6 8 6 0 4 6 2 7 9 6 7 7 4 9 7 5 4 5
4 7 3 6 3 1 0 3 4 5 3 8 3 6 1 5 3 9 5 0
3 5 5 2 9 6 8 7 8 2 6 3 5 2 2 6 5 4 3 6
7 2 3 7 8 3 6 1 0 8 7 4 0 3 4 9 6 5 2 2
6 4 3 7 7 9 1 0 7 4 9 4 4 9 4 2 3 2 6
7 1 2 4 6 4 6 6 8 3 5 4 4 9 5 8 6 1 8 2
9 3 8 6 0 3 8 3 7 5 2 8 3 4 9 9 7 5 6 5
6 1 4 8 3 0 4 5 2 9 6 4 9 6 0 0 8 3 0 5
5 5 5 0 3 1 1 5 4 4 3 4 3 3 3 4 4 5 1 8
5 6 8 3 2 2 5 3 8 6 4 6 6 6 4 9 1 6 5 6
5 8 0 0 2 5 4 7 3 8 3 5 0 6 6 8 5 1 7 9
7 3 6 1 0 6 0 6 4 3 0 9 5 5 8 3 4 6 2 0
5 0 0 2 8 1 8 1 5 4 8 0 3 0 0 2 9 9 9 6
3 5 9 1 9 8 8 3 0 6 3 3 4 3 0 9 5 8 9 5
8 0 9 0 4 5 1 4 1 7 5 7 8 5 5 6 9 7 7 3
4 8 1 0 4 1 9 9 8 5 5 2 8 8 0 7 3 0 6 4
7 5 2 5 7 2 8 1 8 6 4 2 0 8 0 0 8 5 2 3
0 4 9 4 4 0 1 6 1 7 0 2 7 7 3 6 8 7 8 9
2 4 4 5 4 2 7 2 1 4 3 6 3 8 6 2 2 9 2 7
```

NUMBERS TO FIND

7863772071	5378257	400885436
8622927	46060163	8305085
34736107	833310043	6371163
478936634	4942326	85024158
4432	93516383	858446503

```
4 0 1 7 9 8 0 2 9 3 7 8 7 0 9 7 4 9 4 5
9 4 9 2 1 2 2 0 1 4 4 2 9 3 9 3 3 3 9 0
4 3 0 9 9 2 4 9 3 2 1 3 7 7 1 9 0 8 6 5
7 6 3 6 1 1 9 0 4 5 1 2 7 6 2 8 9 1 7 8
9 9 6 7 2 4 9 6 8 6 1 3 7 5 6 9 7 4 4 1
8 1 5 2 0 6 3 3 0 8 7 8 7 8 4 5 3 3 9 6
9 2 9 3 0 7 8 1 8 8 0 5 3 8 2 9 4 6 7 6
7 1 9 3 3 7 4 5 8 5 7 0 0 4 9 1 1 8 5 6
8 2 2 7 4 6 9 6 0 6 4 3 0 9 7 5 8 6 0 2
8 8 3 5 0 6 7 3 2 2 4 0 4 9 9 8 3 6 5 8
6 8 6 4 2 4 4 5 9 6 3 5 3 0 9 8 8 9 7 7
8 3 3 4 0 3 8 7 7 5 8 9 8 7 8 6 4 3 6 3
3 5 7 2 9 6 9 9 2 5 9 6 4 5 4 4 1 7 4 7
3 4 2 5 0 1 9 0 3 0 7 6 8 0 1 3 7 1 6 7
2 0 2 2 4 8 3 8 6 3 4 4 7 4 0 7 5 7 2 8
1 5 2 2 7 1 1 2 3 7 9 5 8 6 7 4 2 2 7 0
4 7 6 7 9 8 3 7 4 5 5 2 1 2 5 3 1 1 6 7
7 2 2 2 0 4 3 1 4 9 8 8 9 8 9 8 7 9 2 2
5 9 6 1 4 8 2 3 7 4 3 4 7 4 9 9 6 4 6 9
1 9 6 6 3 6 6 1 8 0 0 9 1 6 1 8 4 6 1 4
```

NUMBERS TO FIND

6954424686	3966863	293049913
9333939	51834788	4566727
19008166	699000880	8410759
574399945	4097409	73376809
7521	77378867	983473468

```
8 6 8 3 4 0 8 7 3 6 6 8 2 5 6 2 8 9 6 2
3 7 6 9 6 4 5 5 5 2 4 6 8 6 3 6 9 2 1 8
6 3 4 6 0 6 4 3 6 1 7 2 9 4 6 0 9 3 2 1
3 9 9 1 6 5 4 7 1 5 5 8 6 0 0 8 3 6 1 2
3 2 2 5 0 0 5 1 0 4 6 9 5 1 6 3 7 4 7 6
3 2 9 9 9 1 5 5 0 3 9 4 8 8 9 4 5 9 6 5
3 3 2 9 8 0 1 9 2 4 8 0 6 5 3 7 1 4 1 9
3 4 1 9 6 3 8 5 9 3 3 5 6 4 0 0 8 2 6 1
2 6 6 6 5 7 6 6 7 1 2 2 8 7 1 1 5 7 0 1
5 8 0 5 5 7 0 7 1 5 1 7 2 1 5 1 6 9 1 7
2 8 3 5 0 0 9 9 5 9 8 5 6 4 2 7 2 2 3 6
4 1 3 9 8 5 8 9 7 0 5 9 0 9 8 2 2 3 5 1
9 0 9 9 7 4 7 6 6 5 2 3 1 4 9 8 3 2 3 2
2 1 4 4 9 0 4 0 7 4 1 6 8 2 7 1 4 4 3 4
7 1 7 1 9 6 4 6 5 6 4 0 1 8 8 7 0 3 4 1
4 0 6 5 5 9 0 5 1 9 3 2 9 3 5 1 2 4 7 3
5 1 3 9 3 1 5 9 7 0 9 7 1 3 6 3 3 0 9 5
8 9 2 7 1 9 0 1 1 6 0 0 6 1 4 2 4 3 5 1
8 0 0 0 9 8 7 5 3 4 0 8 9 4 9 6 3 2 1 2
1 9 7 6 7 4 8 4 6 2 7 6 1 4 3 6 2 9 2 4
```

NUMBERS TO FIND

6045077301	2555469	185214390
8101101	57609413	65255970
20013813	564691717	1091729
669863256	3252492	61729460
1610	61241351	734884223

```
0 7 1 6 2 4 5 0 1 8 1 7 3 6 9 4 9 8 3 9
4 0 8 0 2 4 2 1 3 9 7 1 8 0 2 6 7 4 2 6
4 5 1 3 5 7 2 9 9 1 6 5 1 0 1 9 1 4 4 2
5 2 8 3 6 9 7 7 3 6 3 8 9 2 4 1 7 8 4 4
1 7 6 6 7 7 9 1 3 2 3 9 0 9 8 6 8 8 6 0
0 7 8 4 1 4 4 3 1 9 8 1 2 9 3 0 5 9 3 7
3 2 6 4 2 8 0 0 4 2 9 6 4 1 5 0 0 5 0 5
8 0 8 5 1 1 7 7 2 3 8 5 1 0 9 7 4 5 3 7
3 0 2 1 6 7 3 0 2 4 0 8 4 7 5 1 8 0 5 5
5 5 6 7 1 2 3 7 5 3 2 3 9 7 3 3 1 3 7 8
1 6 3 4 1 6 3 9 4 3 7 2 8 1 8 3 0 8 0 0
3 7 9 9 3 6 1 5 2 3 2 3 7 2 4 6 2 8 4 4
8 7 1 3 0 2 6 0 6 6 2 6 7 8 5 0 9 2 4 6
1 6 9 8 2 3 0 5 3 7 5 6 6 3 9 5 6 1 1 3
4 5 6 0 5 4 9 7 8 1 0 0 1 7 1 2 4 3 1 3
4 2 8 3 9 0 0 0 6 7 7 1 2 5 2 1 2 5 3 8
1 0 6 0 7 0 3 1 3 8 9 6 5 3 2 0 3 7 6 4
4 6 0 5 2 3 4 8 9 6 1 6 9 9 2 6 6 6 7 0
6 1 9 8 5 6 0 6 7 5 7 0 8 9 6 6 1 8 9 3
6 1 6 5 2 5 7 2 5 2 2 6 5 6 6 3 7 8 0 8
```

NUMBERS TO FIND

5135729916	1144075	996169843
6868263	63384038	73608621
32107714	430382554	2772005
765326567	2407575	50082111
7369	45103835	486294978

```
5 4 6 4 5 2 0 3 7 1 6 9 8 9 9 3 2 7 2 2
7 0 9 9 6 7 5 8 5 7 4 5 4 5 2 0 2 6 3 5
9 2 8 5 3 0 8 1 2 3 7 7 0 5 7 3 3 3 0 8
6 8 3 4 5 9 5 7 7 0 4 6 7 2 4 7 5 0 5 1
4 6 0 1 9 4 3 6 9 6 1 8 6 4 9 5 1 6 2 2
1 0 8 1 2 8 9 9 0 5 1 8 2 7 1 2 3 4 6 1
4 3 9 5 0 8 6 8 9 0 8 0 2 3 8 5 7 7 9 3
2 1 5 6 4 1 0 0 1 7 1 0 3 2 4 8 4 7 3 9
9 6 9 2 5 0 3 9 7 6 2 2 8 2 5 3 8 1 6 4
2 9 1 8 8 0 3 2 1 8 0 7 5 8 4 4 1 1 3 4
7 1 0 7 8 3 7 5 1 7 9 8 2 8 9 9 4 2 6 4
3 5 5 3 7 7 6 2 8 4 6 8 3 1 3 2 3 3 2 0
4 6 8 0 1 0 5 2 8 5 5 2 7 4 6 6 1 6 1 9
5 2 6 4 0 4 7 3 2 9 6 8 4 8 5 9 5 2 6 7
9 9 2 8 4 8 9 1 4 4 6 2 1 1 8 1 1 3 4 8
2 1 8 9 5 1 5 7 2 1 3 6 6 1 9 9 1 8 6 3
0 5 6 5 4 1 7 4 4 3 3 2 3 5 2 0 8 1 1 6
2 1 2 0 7 5 9 6 9 1 4 5 9 1 1 8 6 5 0 8
0 5 9 9 7 2 8 6 3 3 7 7 5 6 9 4 6 4 4 6
9 1 2 6 9 2 7 6 2 9 0 6 4 2 3 8 3 8 0 0
```

NUMBERS TO FIND

4226382531	2335513	875341355
5635425	69158663	81961272
44201615	296073391	4452281
860789878	1562658	38434762
6788	28966319	237705733

PUZZLE #64 | DIFFICULTY: MEDIUM

```
8 1 3 4 3 2 2 0 6 1 0 8 8 3 5 1 2 6 0 1
3 8 5 1 9 5 9 2 7 0 7 3 9 8 8 9 5 7 4 0
3 6 4 7 4 2 0 9 2 9 0 6 4 6 9 6 9 4 8 2
1 5 6 5 7 8 4 6 1 4 5 7 6 4 8 0 8 2 0 6
3 9 8 2 8 0 9 4 6 1 6 6 5 1 1 2 7 6 9 1
1 6 8 5 8 2 2 4 6 7 1 6 1 3 3 2 7 1 0 7
7 1 7 7 9 9 9 0 6 3 1 0 8 1 5 2 9 1 3 6
8 0 5 5 7 8 2 0 4 9 0 0 9 2 2 5 5 1 1 8
0 4 4 3 8 4 7 3 1 6 5 8 5 2 6 5 0 5 2 2
3 8 5 7 5 2 8 3 5 2 8 2 8 3 5 0 4 6 7 1
3 3 8 0 2 0 5 8 3 7 2 5 8 2 9 8 7 5 3 5
4 8 2 8 2 6 2 9 0 7 1 8 2 6 8 8 8 7 7 4
1 8 6 9 4 4 0 5 7 1 8 0 0 7 7 2 5 1 9 5
5 4 8 8 3 8 4 2 1 2 7 0 6 4 2 6 1 6 3 7
9 9 9 4 1 1 4 0 3 5 5 7 1 2 4 9 1 4 5 6
6 7 0 7 3 5 3 3 3 7 4 3 8 4 3 2 1 1 4 7
2 7 9 7 9 9 9 0 0 8 2 1 9 7 3 9 5 2 2 7
5 3 0 6 5 4 4 5 9 1 1 6 1 5 5 9 2 6 5 9
3 9 8 9 7 8 4 9 7 6 3 8 4 0 9 1 0 1 2 0
1 2 4 6 3 3 6 9 2 1 7 4 1 6 8 4 2 9 9 5
```

NUMBERS TO FIND

3317035146	3526951	754512867
4402587	74933288	90313923
56295516	161764228	6132557
956253189	3308713	26787413
9877	12828803	610883512

```
8 8 5 7 5 9 6 4 7 7 3 1 4 3 4 0 4 8 9 0
5 3 1 3 2 5 4 1 8 8 5 5 3 0 1 4 6 3 9 0
0 9 1 9 2 9 3 8 9 3 8 2 0 1 1 9 1 0 4 1
5 8 4 0 4 6 3 5 8 0 4 8 7 1 4 4 5 6 9 5
4 5 8 4 0 8 8 4 2 3 8 5 9 1 9 7 1 1 0 6
7 3 3 8 7 8 2 8 2 7 4 7 2 0 9 9 4 6 3 8
6 4 6 2 6 1 1 0 2 8 3 6 1 0 2 6 0 2 6 7
8 5 5 8 8 6 8 9 7 4 6 5 4 1 1 1 0 5 2 0
2 7 3 8 7 1 7 3 8 3 9 6 8 7 9 3 6 9 9 3
6 3 7 0 7 0 0 6 8 3 1 6 3 6 1 7 4 4 0 3
7 4 0 7 6 5 3 6 1 9 0 6 9 3 2 9 4 7 5 1
8 6 7 0 1 3 9 4 5 1 2 5 6 2 3 4 9 2 1 2
4 8 9 7 6 9 7 0 4 7 5 5 7 9 9 2 6 7 4 7
7 3 9 9 8 7 2 1 6 6 4 3 8 8 9 6 0 5 5 0
5 8 4 1 6 6 0 6 9 9 5 7 1 2 8 9 2 7 0 2
9 9 3 3 1 8 6 4 1 1 8 2 1 6 8 4 0 9 8 7
0 4 8 8 0 2 0 0 8 2 1 2 3 3 6 2 9 0 1 3
1 1 8 2 7 5 8 4 3 1 1 6 2 8 9 1 2 3 4 3
8 7 3 7 4 2 8 3 3 9 5 5 9 9 0 8 3 3 1 8
1 8 1 0 4 4 9 8 8 5 5 7 3 9 2 8 4 1 8 6
```

NUMBERS TO FIND

2407687761	4718389	633684379
3169749	80707913	68899321
68389417	280194563	7812833
710011103	5054768	15140064
4311	26784759	259472757

```
4 0 1 5 2 5 1 4 9 8 3 4 0 3 7 6 3 7 4 8
7 1 6 4 8 0 2 7 0 0 7 3 4 3 3 7 5 5 5 0
5 8 1 4 5 7 1 0 9 6 7 3 6 4 7 3 8 9 3 9
4 8 4 7 4 1 5 2 5 0 5 8 6 6 5 1 2 1 9 2
9 2 0 2 0 0 2 6 0 8 0 5 4 3 2 9 5 3 8 6
6 5 8 2 1 9 1 9 3 0 5 5 8 6 0 8 2 5 1 9
2 8 6 0 9 6 5 1 0 5 8 1 8 1 8 3 1 9 9 2
8 7 9 0 2 4 9 2 7 8 8 0 7 6 3 7 2 1 1 8
9 2 0 7 0 9 6 0 5 4 8 6 9 2 0 3 9 9 8 6
7 8 1 1 9 3 8 5 3 9 6 7 4 4 9 0 8 3 1 4
7 9 3 4 3 2 0 0 8 8 0 6 7 4 1 4 4 4 7 8
7 0 9 2 2 7 0 4 5 0 1 0 9 1 6 8 3 7 0 2
0 9 4 1 1 9 2 4 6 6 4 9 4 2 5 5 9 2 3 8
9 5 9 0 1 6 3 5 8 5 6 7 3 6 4 0 0 7 0 8
1 6 9 1 8 0 9 4 0 3 0 7 4 6 1 7 1 9 8 3
3 1 6 9 4 7 8 4 6 8 8 0 1 5 9 9 0 2 3 1
3 3 3 4 9 0 1 9 8 5 5 8 2 1 5 1 1 6 3 7
0 6 0 9 0 3 2 8 0 0 8 6 3 8 3 6 1 3 3 2
5 9 8 6 4 8 2 5 3 8 6 1 3 8 1 4 1 3 2 6
9 1 6 7 2 2 8 7 8 0 5 7 1 8 6 9 9 4 9 3
```

NUMBERS TO FIND

1498340376	5909827	512855891
1936911	86482538	428029805
80483318	398624898	9493109
463769017	6800823	23492715
55573	40740715	508062002

PUZZLE #67 | DIFFICULTY: MEDIUM

```
9 9 2 6 0 0 1 9 1 0 0 6 8 5 4 6 8 7 8 2
9 0 3 4 6 8 5 0 1 0 6 6 7 7 5 3 0 2 2 2
7 3 0 0 1 1 4 4 7 2 5 7 0 1 0 2 0 9 4 3
1 5 9 0 6 9 0 0 6 2 6 0 0 6 8 0 8 1 1 8
3 1 2 6 1 9 9 2 9 9 8 8 5 3 9 9 8 8 1 6
9 5 2 5 5 6 6 6 8 4 6 2 6 7 2 5 9 0 8 0
6 4 3 7 9 0 7 2 3 5 7 6 3 4 7 1 4 6 1 1
2 6 5 6 7 7 0 6 9 9 2 1 7 0 0 1 7 0 4 9
5 7 2 1 8 4 7 2 9 6 9 4 9 1 9 5 5 2 5 5
7 1 0 7 7 5 2 3 4 1 3 9 9 2 2 5 7 1 6 3
1 0 7 5 9 0 7 1 8 4 6 8 2 2 8 6 9 2 9 4
2 1 7 8 8 8 5 9 5 0 4 3 4 5 2 1 5 1 9 9
7 2 2 4 6 1 7 5 6 6 5 8 4 1 7 8 8 9 5 3
5 6 1 6 0 8 6 0 2 1 6 0 1 2 5 7 6 1 3 4
6 5 5 5 2 4 9 4 7 3 9 5 4 6 0 7 2 8 3 9
7 7 1 2 0 9 2 5 9 8 3 1 7 0 7 4 0 1 9 9
1 4 1 5 6 7 2 3 9 2 0 2 7 4 0 3 8 2 9 8
9 2 9 9 1 3 5 0 3 5 9 2 2 0 1 2 2 5 2 0
0 8 5 0 0 2 3 9 1 3 7 9 0 2 6 9 8 2 7 0
4 5 8 8 5 7 3 9 3 1 6 6 3 5 4 8 1 3 5 2
```

NUMBERS TO FIND

3588992991	7101265	392027403
2600191	92257163	868959576
92577219	517055233	7300114
217526931	8546878	31845366
70699	54696671	756651247

```
5 4 7 5 9 0 7 3 0 4 6 3 5 4 6 3 2 0 8 3
2 3 3 8 3 8 7 1 6 0 0 6 7 3 1 6 2 7 0 8
1 6 0 6 7 4 6 8 1 5 6 3 5 9 4 4 9 5 2 4
8 4 8 2 6 9 2 4 9 2 2 4 2 4 4 1 4 6 2 3
5 4 3 7 9 7 9 6 6 9 8 1 5 2 0 7 8 0 6 5
8 8 7 3 2 0 4 6 5 5 1 1 1 7 6 6 7 1 1 9
2 0 8 9 0 6 0 8 5 8 7 3 1 1 1 6 4 5 1 1
5 8 6 3 5 6 2 6 2 4 2 4 0 1 9 8 0 1 7 8
1 1 9 7 9 0 8 5 3 9 1 7 4 9 1 9 7 6 1 9
9 0 1 9 9 5 3 6 6 7 5 5 1 8 4 6 1 7 0 9
5 5 5 6 8 8 2 1 7 8 1 2 5 9 7 2 1 3 2 4
6 2 8 0 0 3 4 3 3 0 6 1 1 1 4 9 8 1 9 1
0 4 2 6 0 6 1 7 7 8 9 6 7 5 5 1 3 6 1 7
8 0 9 3 3 8 5 1 5 8 2 8 8 1 1 6 9 9 7 8
5 4 2 0 0 1 1 4 3 5 8 7 1 6 4 3 8 2 8 0
1 9 7 8 7 9 5 5 6 6 3 3 7 2 8 3 7 9 5 9
8 2 0 2 6 1 5 2 8 9 6 3 0 6 1 1 6 4 1 4
8 0 3 0 1 6 3 5 2 7 7 7 4 0 9 1 4 5 9 7
3 2 7 4 3 9 8 8 9 0 3 6 8 8 7 6 7 4 2 6
8 8 5 5 6 3 2 0 6 3 9 4 5 2 7 2 2 7 6 0
```

NUMBERS TO FIND

5679645606	8292703	271198915
3263471	83130597	309889347
80138911	635485568	5107119
442422942	1104414	40198017
85825	68652627	105240492

PUZZLE #69 | DIFFICULTY: MEDIUM

```
0 6 1 3 0 6 0 0 7 7 6 9 6 7 4 1 6 8 0 4
9 4 0 4 1 7 4 3 0 4 7 6 5 0 4 0 8 6 6 8
8 0 2 7 9 0 6 4 0 8 3 5 9 8 1 3 7 6 6 2
7 9 7 7 4 5 1 0 0 2 6 5 5 3 7 7 2 0 7 0
8 6 1 8 1 2 0 1 3 0 2 3 3 1 5 2 0 5 0 0
2 6 0 4 2 4 8 7 5 3 9 3 0 3 3 3 4 5 3 4
7 7 7 0 2 9 8 2 2 1 1 3 6 6 0 1 5 8 1 6
3 0 8 9 8 0 6 7 0 4 4 3 2 6 9 2 8 4 4 5
1 2 9 1 0 6 5 9 2 1 0 3 8 9 5 6 6 4 3 5
2 4 1 7 0 3 0 5 7 9 7 7 0 5 1 8 0 3 9 5
0 2 5 7 0 6 9 4 2 3 1 0 3 9 9 1 5 9 5 3
0 2 9 8 9 9 0 8 4 7 3 4 3 0 3 2 0 9 0 1
3 9 4 0 0 2 8 1 6 3 5 8 1 5 5 7 6 6 9 3
3 4 9 4 3 6 4 8 8 7 4 9 9 2 7 1 2 6 4 9
3 9 6 9 3 3 1 5 3 3 1 3 8 4 4 9 6 2 8 2
3 1 0 5 6 0 8 0 7 7 4 0 0 4 0 3 1 2 4 6
8 1 0 1 4 0 1 8 5 9 8 8 1 0 1 9 6 8 1 7
9 4 2 9 6 9 5 1 2 5 1 8 1 8 9 5 4 3 4 5
1 3 6 2 0 7 1 6 4 5 8 7 2 5 7 8 4 5 1 1
5 6 8 3 9 4 8 1 1 9 1 8 0 5 7 6 5 3 4 4
```

NUMBERS TO FIND

7770298221	9484141	150370427
3926751	74004031	750819118
67700603	753915903	2914124
667318953	3090008	48550668
69331	82608583	546170263

```
6 1 3 4 9 6 9 0 5 2 6 7 8 3 6 8 7 9 6 8
8 2 0 2 0 1 8 5 2 8 0 5 2 0 6 7 3 8 2 5
1 9 5 2 4 9 2 0 4 5 1 6 8 6 7 5 5 8 9 9
5 1 2 3 6 6 1 5 9 2 9 8 8 9 2 7 6 7 9 8
2 5 7 2 2 7 5 3 0 0 5 3 1 3 5 8 2 5 6 0
0 7 7 2 1 8 2 1 3 3 1 3 0 3 2 6 9 8 7 8
9 5 9 2 9 4 3 7 9 0 1 9 3 1 1 6 4 7 2 8
2 5 9 2 3 4 9 0 5 0 9 5 2 8 8 8 6 5 1 3
2 7 8 6 7 8 2 6 6 4 9 6 7 0 4 9 2 8 1 0
1 3 7 2 3 0 2 1 4 1 0 2 5 3 2 3 4 4 7 4
4 6 1 2 5 2 5 0 9 8 4 2 4 7 8 8 5 3 2 1
3 5 0 6 4 8 7 7 4 6 5 8 7 5 3 1 1 9 9 2
9 8 0 8 8 8 7 2 3 4 6 2 3 8 4 8 7 5 9 6
1 0 0 2 8 4 4 8 8 4 0 3 7 2 1 9 0 5 3
0 2 3 5 4 5 6 6 0 2 5 6 5 7 0 1 7 6 5 8
3 5 4 0 7 3 7 5 3 1 9 9 4 9 3 8 2 1 1 2
4 5 5 5 2 5 2 7 3 4 0 5 8 4 9 6 7 3 0 8
2 4 3 7 6 6 1 6 3 8 0 5 9 0 6 8 9 9 4 1
6 6 5 0 7 5 6 0 2 9 3 6 4 3 7 3 7 2 2 9
7 9 3 5 4 6 5 6 9 6 1 6 0 9 7 9 6 0 8 5
```

NUMBERS TO FIND

9860950836	8103952	245417101
4590031	64877465	578668938
55262295	872346238	7211729
892214964	5075602	56903319
52837	96564539	987100034

```
4 8 0 2 3 1 5 4 3 4 2 8 3 9 8 1 1 7 4 5
2 4 3 1 5 6 5 5 1 2 9 9 1 3 1 1 7 8 0 9
7 4 4 4 1 4 5 1 1 1 2 2 9 2 9 2 4 3 5 5
3 6 8 9 0 2 5 2 2 6 8 0 0 7 6 4 1 2 4 6
1 0 0 8 4 9 0 6 6 8 3 8 4 5 0 9 3 4 9 0
1 9 3 1 5 0 2 5 1 8 7 3 8 8 1 5 6 9 9 6
9 4 2 2 4 2 3 9 1 7 3 4 7 1 3 6 5 4 6 8
9 2 7 1 1 4 3 7 8 3 5 6 5 0 5 1 8 9 1 0
8 3 2 8 0 9 0 5 8 9 8 9 1 1 6 2 6 2 9 9
0 4 5 0 8 8 8 1 9 2 7 8 7 8 4 2 6 7 8 0
2 8 7 1 0 2 9 5 2 1 2 2 3 3 4 2 3 6 4 4
2 5 5 2 5 0 9 1 3 4 3 2 2 0 3 9 1 4 9 9
7 7 7 6 0 2 2 0 4 1 6 5 6 3 6 3 1 8 9 3
7 3 2 9 1 8 3 9 8 0 2 6 8 6 2 2 0 7 6 9
1 6 0 5 5 1 5 9 4 5 4 5 3 9 8 6 2 8 4 1
3 8 0 0 4 9 8 8 9 0 3 5 3 0 3 6 7 5 5 4
6 1 7 0 3 3 4 3 0 1 2 1 0 6 6 3 6 1 7 4
6 8 8 8 4 3 4 8 4 2 6 5 2 7 9 9 1 7 9 1
1 2 7 5 6 3 8 9 9 2 2 1 6 6 4 0 1 3 3 8
9 4 5 0 0 0 6 1 5 7 9 5 5 7 1 4 0 9 9 2
```

NUMBERS TO FIND

3428398117	49276487851	498890353036
12299836572	663177220899	4609423485736
809009183334	3337957165452	81441939409
5534292922111	7256248434	711319921556
4670086225	57955714099	5056538734117

```
8 6 6 7 4 6 1 2 3 7 3 7 2 4 3 0 5 8 7 1
0 6 2 9 5 0 2 2 0 4 0 7 0 6 3 2 0 1 3 5
4 5 8 2 0 6 7 3 1 7 0 2 6 9 4 1 2 7 3 2
1 0 7 4 3 9 3 0 1 5 6 4 8 8 2 5 7 6 3 4
4 2 1 1 1 1 1 4 0 4 5 3 4 8 7 5 4 6 6 0
9 0 9 9 5 2 1 5 0 4 3 1 3 8 2 8 0 1 1 9
5 8 9 9 4 0 7 2 2 1 5 6 2 3 0 2 6 9 9 9
7 9 5 0 8 8 7 2 6 9 9 1 4 5 9 8 4 9 4 9
7 6 0 0 8 8 1 4 6 7 0 0 3 8 5 6 2 7 9 0
2 7 0 3 6 3 0 5 8 8 7 0 5 3 3 2 2 5 3 3
4 5 1 2 5 8 9 1 7 3 8 4 8 3 6 2 7 7 5 4
2 5 5 3 9 4 5 1 5 1 1 4 8 6 6 5 4 3 7 4
0 1 6 0 8 0 7 4 5 9 4 3 1 4 4 4 3 0 5 0
7 2 3 7 6 2 6 1 6 7 5 1 2 2 8 3 6 1 9 9
0 0 0 0 6 7 7 3 1 5 3 6 9 7 7 8 3 8 2 7
0 2 3 7 7 1 5 3 2 8 1 8 8 3 2 5 9 9 3 7
4 9 9 3 4 3 1 4 6 6 8 0 8 5 4 2 0 9 5 6
7 0 7 2 8 2 3 2 4 0 5 9 4 0 0 5 3 4 5 7
9 3 1 7 5 8 4 6 1 6 9 1 8 1 0 5 2 2 6 3
2 1 8 1 7 4 5 2 3 6 2 8 2 5 7 9 0 7 4 5
```

NUMBERS TO FIND

3546773732	34409776735	442683116622
42737321647	578210871726	3336194935759
998103757991	2089675512029	95695148425
6287199500156	6070402205	530815171421
6340190536	41990032307	3112677484889

```
4 6 4 4 0 2 3 1 6 6 5 3 2 6 1 8 8 6 1 1
9 9 4 4 4 9 2 2 7 9 7 8 2 4 0 0 2 1 0 3
8 3 8 1 3 4 0 7 3 8 7 9 6 6 2 7 0 3 9 6
3 0 8 5 3 3 5 3 6 5 5 5 9 9 9 9 3 3 8 8
7 4 4 6 6 6 8 2 8 0 4 5 1 7 8 3 8 3 2 1
4 2 5 0 4 6 7 3 8 9 8 8 7 3 7 6 3 0 3 7
2 8 5 1 4 6 6 9 8 3 5 4 1 4 5 7 9 1 1 1
3 9 5 9 1 6 3 4 1 7 8 8 7 2 9 3 5 0 2 1
7 1 9 7 9 3 4 9 4 0 3 8 7 1 9 5 5 9 0 1
8 4 7 2 9 2 5 6 1 8 5 1 4 1 3 1 2 3 1 3
8 9 6 9 6 8 8 9 8 1 0 3 6 6 7 7 1 9 7 6
5 0 8 6 9 3 9 4 3 1 8 8 9 1 7 9 3 1 3 4
2 9 7 9 4 9 2 6 1 4 8 6 2 8 2 2 7 0 8 4
8 1 1 0 0 1 9 9 8 3 1 3 7 9 8 0 3 0 0 2
0 1 3 0 7 7 2 6 0 2 4 3 5 0 5 1 5 1 1 3
4 1 6 7 4 8 4 9 2 0 1 0 8 0 0 5 7 4 5 3
9 4 8 9 1 2 1 3 8 1 0 5 9 9 0 7 9 2 1 1
6 6 8 0 3 2 2 5 1 1 9 5 4 3 0 6 5 6 1 9
6 7 3 5 0 3 1 0 4 3 1 2 8 6 4 2 3 2 6 9
4 9 3 2 4 4 5 2 1 5 5 3 1 1 7 6 7 8 6 5
```

NUMBERS TO FIND

4119985913	19543065619	386475819208
73174806722	493244521553	2062966385782
811001998313	4318891793134	76624489456
4100193901033	4884555976	350310431286
8010294847	26024350515	1168816235661

```
6 3 3 3 2 7 8 6 6 8 5 0 0 1 0 7 5 6 4 5
3 2 3 7 8 3 2 2 3 3 0 5 2 4 8 6 8 8 0 6
4 1 6 3 0 5 4 2 7 4 7 9 0 7 8 9 6 3 3 6
4 8 0 8 1 5 1 5 8 3 4 0 5 4 6 6 9 7 2 2
2 9 5 6 8 5 4 9 9 7 4 5 6 1 5 6 1 4 8 0
0 2 7 1 0 2 5 2 9 2 0 9 6 4 1 5 5 4 0 1
6 3 5 6 3 9 8 5 2 3 3 5 8 4 1 0 4 0 1 9
6 8 0 4 4 9 0 8 3 1 0 1 0 1 3 3 8 8 9 8
8 8 5 0 3 6 8 3 9 2 0 8 8 8 5 2 2 1 3
7 6 5 1 0 1 8 8 6 8 2 6 6 1 1 0 0 7 0 9
2 0 8 8 1 8 0 6 0 4 5 2 8 9 1 4 0 8 3 1
7 8 9 6 9 9 1 7 2 0 4 6 3 8 4 0 5 1 8 5
2 4 4 1 4 3 4 8 8 0 8 5 2 2 7 8 8 7 8 1
3 3 9 3 5 2 5 9 9 1 3 7 3 1 1 9 3 1 1 0
2 7 2 1 3 9 6 8 3 9 4 3 9 6 0 9 0 3 3 1
2 5 5 9 2 1 3 5 6 9 8 5 5 8 1 4 1 8 1 7
5 8 4 0 7 4 8 7 8 4 4 3 7 4 7 1 2 0 9 9
6 5 3 1 3 9 8 1 0 0 1 7 3 6 9 9 3 8 1 5
1 7 8 4 0 3 8 3 5 5 7 5 2 4 7 2 0 8 6 0
0 2 6 3 7 6 6 4 8 1 9 1 6 1 6 3 7 0 0 6
```

NUMBERS TO FIND

4693198094	30008189983	330268646794
62019839151	408278171380	3210385002845
710018931356	6548108074239	57553830487
1913188301910	3698709747	169805681151
9680399158	10058668723	2322235551333

PUZZLE #75 | DIFFICULTY: HARD

```
1 7 2 9 1 1 3 0 8 3 0 2 1 9 1 7 3 2 9 3
4 6 3 4 1 6 0 1 2 3 4 3 9 7 3 7 9 1 2 6
1 6 5 6 5 7 3 8 4 8 3 1 7 1 5 1 8 9 6 9
6 2 5 8 7 5 4 2 7 4 0 6 1 4 1 0 3 8 0 4
0 8 5 1 7 8 4 6 8 0 5 5 3 0 4 3 6 8 4 5
9 5 9 8 2 8 4 9 4 2 5 7 2 5 0 5 4 9 5 1
9 0 0 6 8 7 6 3 6 1 0 4 4 0 5 6 8 5 7 4
7 7 0 2 4 2 8 1 1 3 3 2 3 3 4 5 4 0 6 5
0 8 4 0 0 3 7 8 5 3 6 0 0 7 7 3 7 0 2 5
1 5 0 5 3 4 5 5 9 3 9 1 9 2 0 8 8 7 0 1
7 4 4 2 2 9 2 7 7 2 9 4 0 0 1 7 1 6 5 6
3 8 7 4 5 1 3 7 8 3 0 1 9 1 6 9 5 8 2 2
5 3 3 0 4 0 5 6 8 0 4 9 1 8 8 1 3 4 0 3
2 3 3 9 4 1 5 1 9 6 3 0 5 7 5 1 6 5 1 4
4 9 1 2 4 2 1 2 6 8 3 6 3 2 5 6 8 6 7 0
2 9 4 2 0 8 1 2 0 8 2 5 1 5 4 7 2 5 2 2
8 2 3 7 2 3 5 9 1 2 5 2 4 9 6 6 1 7 4 5
3 5 4 5 9 8 1 1 3 7 3 7 9 6 9 6 5 4 2 8
5 8 7 4 1 8 5 4 4 8 0 1 3 4 4 0 2 3 2 6
4 4 3 5 5 3 4 2 3 7 7 7 8 2 7 6 8 5 1 2
```

NUMBERS TO FIND

5266410275	404733144347	274061410380
50864871580	323311824207	4357803619908
551623402586	8777324355344	38483171518
2811839103556	2512863518	191203803119
8111038115	21973793432	3475654867005

```
8 1 3 0 9 2 4 5 8 9 0 0 4 0 9 9 0 7 9 3
8 9 7 8 5 1 1 7 8 3 4 8 3 9 0 5 1 2 6 3
8 5 5 9 1 3 4 3 0 1 7 4 5 4 3 8 3 2 3 8
4 5 4 6 6 1 5 9 9 8 0 9 2 7 2 9 5 6 9 7
7 3 0 7 9 3 5 9 4 5 1 4 2 2 8 7 4 5 5 9
3 6 8 1 7 3 2 8 0 0 6 9 5 7 1 8 5 4 9 5
6 6 0 6 9 0 5 2 8 6 4 0 4 4 2 4 1 2 1 9
2 9 0 9 2 7 0 1 2 5 4 3 2 2 2 6 4 2 7 1
5 4 7 4 3 9 7 1 2 2 1 7 0 9 0 6 1 6 8 8
7 7 3 6 9 2 8 1 3 4 5 2 7 2 1 2 8 9 4 7
1 1 4 5 6 4 5 9 9 2 5 0 7 5 5 3 1 3 0 3
3 4 0 0 0 2 3 9 0 0 7 0 5 5 1 4 9 8 1 9
8 5 7 6 1 6 3 2 9 8 7 0 5 5 2 8 8 5 3 5
0 8 9 4 0 3 1 9 1 7 5 1 1 8 2 8 8 9 1 7
9 7 9 2 1 1 8 7 6 5 0 7 9 7 9 1 8 0 7 0
2 1 4 0 6 4 2 1 5 5 3 6 0 8 2 3 3 6 4 9
5 2 0 8 0 5 4 3 8 1 1 8 0 4 1 8 3 2 3 3
2 0 2 1 8 5 0 4 2 7 4 0 0 6 7 6 9 7 6 7
3 3 7 8 6 7 7 7 6 2 8 1 4 7 0 9 2 6 4 6
1 3 5 4 5 5 4 0 3 2 2 0 7 5 4 0 3 8 4 2
```

NUMBERS TO FIND

5839622456	50938438711	217854174966
39709904009	238345471034	5505222236971
407580989268	7131048719593	19412512549
3710489905202	1327017289	300013399413
6541677072	33888918141	4629074182677

PUZZLE #77 | DIFFICULTY: HARD

```
5 8 0 9 4 3 8 0 8 1 9 6 7 2 3 5 6 2 6 6
5 0 6 4 5 9 9 8 1 3 3 2 5 2 1 7 2 3 1 8
4 7 2 4 8 3 8 0 3 7 7 4 8 4 5 8 4 9 0 4
7 0 7 9 9 9 2 2 8 8 0 4 2 6 8 2 8 2 0 8
7 8 8 1 9 7 2 0 9 0 4 0 2 7 3 4 5 2 1 6
6 8 4 5 5 5 7 2 8 5 5 5 5 7 9 9 2 0 8 0
9 3 0 3 1 3 6 9 8 0 5 4 3 6 0 3 6 2 9 7
2 5 6 8 0 0 3 0 3 4 4 8 6 1 3 4 4 2 9 0
3 7 5 1 6 4 4 7 9 9 8 8 5 0 5 9 2 5 0 4
1 3 5 6 4 0 5 7 9 6 9 9 5 0 2 8 6 5 7 1
5 7 9 3 4 0 2 8 4 1 5 4 2 9 6 3 2 9 8 9
4 1 1 2 3 3 3 1 0 7 2 0 7 9 9 4 8 3 8 0
9 6 8 2 1 4 2 5 5 4 0 0 6 7 2 9 2 9 8 6
5 5 3 6 1 8 2 8 6 8 6 1 8 0 6 6 5 6 7 4
0 4 0 9 3 3 3 2 7 3 3 2 0 6 7 0 2 4 7 7
8 2 9 4 5 5 7 0 2 7 0 1 5 6 1 6 9 6 5 3
9 3 6 8 3 1 3 7 1 1 9 7 9 6 3 6 7 1 2 6
6 3 7 6 5 6 7 7 9 5 3 2 5 0 6 2 7 6 2 4
7 3 2 7 8 8 6 6 3 7 0 6 9 0 4 5 0 1 0 5
2 8 5 5 4 9 3 6 4 3 8 2 5 7 1 7 3 8 9 6
```

NUMBERS TO FIND

6412834637	61403563075	161646939552
28554936438	153379120861	6652640854034
263538575951	5484773083842	27533422213
4609140706848	2530938513	408822999707
4972316029	45804042850	5782493498349

```
1 0 5 4 3 9 7 0 3 1 3 8 8 0 6 4 7 6 9 1
5 7 7 1 9 1 6 7 5 5 9 8 4 8 4 3 7 9 1 7
1 3 5 8 8 9 5 6 0 7 2 3 9 0 7 5 7 4 6 3
2 1 3 5 8 1 7 5 2 3 2 4 1 9 9 5 9 4 4 9
1 3 1 5 0 2 1 7 3 8 5 6 5 5 5 3 5 1 3 9
1 9 3 2 6 4 5 5 6 9 9 8 2 6 1 2 6 4 0 9
2 7 5 0 2 5 9 4 2 9 4 5 1 8 3 7 9 9 6 6
0 4 5 0 8 3 4 0 6 3 5 1 8 8 9 5 0 0 5 8
4 3 0 0 7 1 4 3 7 3 6 9 8 6 0 4 6 8 1 8
1 6 7 0 1 3 9 3 3 6 4 8 2 1 7 1 2 8 3 6
8 2 7 9 8 5 7 8 7 1 8 8 2 2 6 9 4 9 6 7
2 6 9 9 6 8 6 1 9 0 8 4 4 7 9 4 8 3 8 3
1 1 1 8 8 5 9 2 7 7 5 7 7 1 3 8 1 5 2 0
9 6 5 5 6 5 8 4 8 1 9 1 7 4 9 2 5 0 1 0
5 9 0 4 8 8 8 0 4 8 2 1 7 9 6 4 6 9 1 6
3 4 8 7 7 2 6 9 9 4 8 9 1 3 5 5 4 3 6 1
9 9 4 4 4 1 4 8 7 3 5 8 9 3 2 7 8 0 5 8
6 1 9 7 3 4 5 1 7 6 3 2 5 9 5 0 0 1 7 2
3 1 4 8 9 3 8 1 7 9 1 7 4 6 7 1 7 4 2 6
5 3 3 6 2 4 7 9 0 1 7 4 9 5 0 0 0 8 7 8
```

NUMBERS TO FIND

6986046818	71868687439	105439703138
17399968867	308198979113	7800059471097
119496162634	3838497448091	35654331877
5507791508494	3734859737	517632595001
3402954986	57719167559	6935912814021

PUZZLE #79 | DIFFICULTY: HARD

```
0 5 1 7 0 5 0 7 7 8 3 5 1 0 8 7 0 9 3 8
2 0 5 6 9 6 3 4 2 9 2 2 6 8 7 4 2 1 7 4
2 3 2 4 4 0 8 8 2 4 1 1 8 2 1 8 6 8 1 2
3 8 4 3 9 6 0 3 5 4 0 6 6 0 2 5 9 4 9 9
4 9 3 7 5 4 2 0 3 1 6 3 1 3 9 0 9 2 3 8
6 8 6 4 7 4 7 7 4 3 6 3 7 1 0 0 3 2 2 2
1 2 0 9 7 3 7 5 6 3 2 9 3 6 1 3 7 0 1 1
4 3 5 3 2 1 1 8 5 4 2 8 0 9 4 5 9 2 9 6
5 3 6 5 3 1 5 3 4 9 1 1 9 8 4 2 5 5 9 9
1 3 3 7 9 2 2 6 8 0 2 6 8 8 7 9 2 2 5 7
4 8 7 0 5 8 0 3 0 8 4 5 1 1 1 8 8 4 7 3
2 1 8 9 0 4 6 8 3 4 6 2 8 6 2 9 3 8 3 1
5 1 7 7 6 1 2 8 7 9 5 4 6 9 8 2 3 9 5 9
7 8 8 1 8 0 5 9 4 7 8 5 3 9 9 0 2 6 4 1
7 0 1 5 3 5 0 9 1 4 2 0 3 2 3 9 0 9 9 1
3 3 0 7 0 1 1 3 0 0 1 9 8 0 1 4 2 6 1 4
4 7 3 6 3 0 6 1 8 8 0 8 7 4 7 4 9 8 0 2
0 8 6 6 0 8 0 4 3 4 1 8 3 3 5 9 3 9 4 3
0 7 4 1 4 8 2 1 6 5 8 4 6 3 5 0 5 7 8 3
6 5 6 6 5 9 2 0 6 8 2 4 4 6 2 6 4 0 6 9
```

NUMBERS TO FIND

7559258999	82333811803	194537599123
28001831956	463018787365	8947478088160
241089100311	2192221812340	43775241541
6406442310140	4938780961	626442860295
1833593943	69634292268	8089332129693

```
7 4 6 8 4 4 5 5 4 0 5 9 6 3 0 6 8 3 3 3
1 2 5 5 3 8 2 7 7 4 1 8 2 6 7 4 4 6 2 6
6 4 2 7 4 1 6 0 4 9 1 1 8 3 4 7 5 5 3 2
5 1 2 8 3 6 3 5 4 9 4 1 0 8 1 5 4 5 3 6
1 9 7 9 3 6 7 3 9 4 8 5 6 8 2 1 0 0 6 8
6 0 8 7 6 5 2 2 7 4 0 6 9 3 4 6 9 2 7 2
8 1 4 3 7 2 9 8 3 9 2 4 9 7 8 1 2 1 9 0
3 8 9 2 9 8 3 5 3 4 3 6 6 3 2 7 1 5 9 3
8 8 5 2 7 5 5 1 2 2 7 7 3 3 6 6 8 1 2 7
7 3 9 4 4 2 1 2 0 7 8 1 9 3 7 5 7 6 4 9
1 4 7 1 1 1 2 2 9 4 9 2 0 0 0 8 3 9 2 9
6 2 2 2 7 6 1 6 3 9 8 9 7 2 9 7 6 8 7 8
1 6 6 8 1 0 1 2 0 1 4 4 5 1 4 9 1 1 5 7
9 0 6 7 4 4 7 1 2 3 9 4 4 0 0 2 9 5 1 0
4 5 4 6 9 0 0 1 1 2 8 3 3 1 2 4 8 5 4 4
8 2 9 4 5 3 6 2 8 2 1 7 4 6 9 6 4 1 4 1
0 7 5 1 0 2 7 7 5 8 1 2 0 7 2 4 1 6 5 5
1 1 2 5 6 3 4 1 6 6 9 9 0 3 5 6 7 8 3 2
8 9 3 9 8 5 1 8 7 1 5 2 5 3 7 2 4 8 6 7
7 4 2 1 8 0 8 1 1 7 4 2 3 1 8 4 6 5 5 8
```

NUMBERS TO FIND

8132471180	92798936167	283635494108
38603695045	617838615617	8000294922111
362682037998	3319901030534	51896151205
7305093111786	6142702185	735251781589
2419018834	81549416977	9242751445365

PUZZLE #81 | DIFFICULTY: HARD

```
0 0 9 1 7 8 5 9 3 1 3 9 1 9 3 0 1 5 8 9
1 6 0 0 1 7 0 6 0 8 6 9 4 0 7 7 2 3 6 9
8 5 9 6 5 4 3 1 8 5 5 5 0 2 9 4 2 9 7 4
0 9 5 7 6 0 8 6 6 8 2 4 7 4 5 0 5 9 8 1
7 1 0 0 9 2 6 0 6 5 7 1 1 1 3 5 0 7 9 1
1 6 8 6 1 4 5 4 6 4 3 9 9 1 8 4 2 6 1 9
2 3 4 3 1 9 3 4 7 3 0 2 8 8 3 0 8 3 2 6
3 2 0 3 2 6 0 1 4 3 7 6 3 2 5 3 8 6 0 9
5 8 8 0 6 0 1 6 9 4 1 3 6 2 3 5 8 0 3 7
0 4 6 0 9 1 7 3 1 2 7 6 1 4 9 0 6 7 2 6
6 4 4 4 6 4 9 3 1 9 4 5 8 6 4 0 5 0 9 4
5 0 7 4 1 0 8 8 0 3 6 5 8 2 8 3 2 4 6 6
7 6 9 4 0 5 0 6 7 3 6 8 4 0 4 8 4 6 7 6
9 1 9 3 7 4 6 5 2 2 9 6 7 4 2 6 1 5 8 6
4 3 2 7 7 3 1 0 7 0 3 3 8 8 3 4 3 8 9 5
7 7 8 2 7 6 1 7 0 6 4 8 9 8 1 0 8 4 2 4
2 7 6 5 6 3 0 8 4 5 1 1 3 7 4 7 1 7 3 9
4 8 6 1 7 0 0 2 1 0 8 8 5 4 5 2 3 2 2 1
8 8 9 6 2 2 3 7 2 7 3 3 3 1 5 0 9 3 1 8
4 3 9 8 6 4 4 1 1 1 4 2 2 4 5 9 7 8 1 7
```

NUMBERS TO FIND

8705683361	85103919313	372733315093
49205558134	772658433869	7053111756062
484274975605	4447580248728	600017060869
8203743913432	7346623409	844061377883
3004443725	93464541686	7954224111446

PUZZLE #82 | DIFFICULTY: HARD

```
9 5 2 4 5 7 5 2 2 2 4 4 0 6 2 2 5 2 3 7
9 2 6 6 6 2 8 3 6 9 1 2 2 9 0 2 8 7 2 7
1 7 2 8 7 0 6 7 2 1 3 8 1 6 4 9 4 1 2 0
6 5 7 2 5 7 7 7 6 9 6 5 6 6 6 6 7 2 1 7
9 1 0 7 7 5 5 7 6 1 7 1 4 3 7 6 2 1 2 2
4 4 0 2 2 5 5 0 5 7 5 7 5 9 7 4 4 5 4 2
5 6 5 5 0 7 6 8 4 6 6 7 1 3 5 9 5 8 7 3
2 3 0 9 9 3 8 0 6 8 4 0 4 6 8 5 5 2 0 5
0 7 3 5 0 2 8 0 1 5 2 0 5 9 8 2 9 8 8 8
7 0 8 4 8 9 8 3 4 3 3 1 2 5 3 5 8 7 9 9
9 5 7 4 0 6 7 5 9 3 2 2 6 2 1 7 8 4 5 8
7 6 0 2 5 9 7 4 9 1 4 7 9 8 8 5 7 7 7 6
7 0 4 7 7 2 7 9 7 0 9 1 5 7 4 5 2 2 5 8
6 5 4 0 4 1 1 6 1 5 0 9 0 0 2 8 9 9 3 6
9 9 5 0 5 0 2 0 6 3 2 1 6 9 5 5 2 4 9 1
0 3 2 0 0 7 1 1 8 8 4 3 3 2 4 1 1 5 5 6
3 2 7 7 6 9 4 8 5 0 4 9 4 6 4 2 1 0 6 5
9 8 9 7 6 5 6 6 2 6 5 9 2 1 4 8 3 3 0 0
3 6 5 4 5 1 0 6 7 4 7 4 0 7 3 1 5 1 2 0
8 9 8 5 5 0 5 4 4 6 3 3 2 7 8 0 5 4 5 7
```

NUMBERS TO FIND

9278895542	77408902459	461831276078
59807421223	927478285121	6105928590013
605867913492	5575259466922	68137970533
9102394715078	8550544633	952870926177
3589868616	84521080542	6665696777527

```
2 1 7 3 8 3 0 1 1 4 2 1 6 8 7 7 3 3 8 3
5 0 2 0 0 0 2 1 8 0 7 3 6 7 1 0 6 3 5 4
4 5 3 5 4 0 6 2 4 9 6 8 0 4 2 0 9 5 2 9
7 0 4 1 5 0 3 3 4 0 3 1 6 5 3 1 5 5 1 4
9 6 0 2 1 8 9 5 4 8 5 9 5 8 0 3 3 2 4 1
6 5 8 4 5 7 0 2 7 4 2 6 1 0 6 8 0 9 9 9
1 8 6 2 8 5 0 3 8 3 9 9 5 6 3 0 8 1 2 0
1 8 9 3 7 2 2 5 9 4 2 6 7 4 7 3 6 2 4 7
5 3 8 3 4 5 9 3 2 9 3 5 1 8 2 7 9 3 0 1
4 1 5 6 5 7 4 1 0 3 8 1 7 7 2 9 5 7 2 9
1 7 2 4 4 5 9 5 1 1 7 4 2 3 7 4 2 5 1 9
7 9 1 4 2 0 5 8 2 0 7 7 3 7 6 3 7 1 7 4
5 6 0 8 3 7 9 6 5 2 7 2 0 3 6 9 5 6 1 0
2 6 7 7 9 6 3 2 9 1 5 8 6 1 2 9 3 1 6 2
9 8 7 4 6 0 0 6 7 0 2 9 3 8 6 8 5 1 1 6
3 8 2 3 4 7 1 6 2 1 1 1 9 8 0 3 8 7 2 9
5 2 3 3 8 9 2 0 1 5 8 0 6 4 7 2 7 5 3 8
0 5 8 9 7 5 4 4 6 5 8 5 7 8 1 3 6 8 1 8
7 8 0 9 2 2 8 1 1 7 6 2 5 8 8 8 0 1 9 7
6 6 9 7 4 2 0 6 6 0 1 2 8 6 4 5 3 7 0 0
```

NUMBERS TO FIND

9852107723	69713885605	550929183063
70409284312	842103959492	5158745423964
727460851029	6702938685116	76258880197
8207737637174	9754465857	784463324215
4175293507	75577619398	5377169443608

```
8 5 1 9 2 8 4 1 0 1 9 3 3 1 2 3 7 0 9 8
0 4 0 8 8 6 4 2 1 0 9 6 8 9 6 5 4 6 7 4
7 9 6 7 6 6 2 4 2 1 1 5 6 2 2 5 7 9 1 5
7 7 1 8 3 4 4 7 2 2 4 1 1 3 4 2 2 0 2 5
4 8 6 6 4 4 3 5 9 2 9 0 3 8 6 0 3 6 2 5
3 0 0 6 7 0 7 6 2 4 7 6 0 7 1 8 3 9 8 7
6 8 5 8 9 5 8 7 8 0 7 3 8 5 9 7 1 5 9 8
6 3 5 0 4 1 3 7 1 2 2 9 8 2 0 7 1 5 7 7
8 6 7 4 7 6 5 7 0 5 3 8 2 8 9 3 3 8 0 8
1 6 6 1 0 2 2 7 8 7 6 6 4 2 1 2 3 4 5 4
0 7 6 7 8 2 9 5 8 1 2 3 9 0 6 0 8 4 0 5
1 8 2 6 7 5 5 5 0 6 7 0 5 2 6 5 8 1 8 2
1 8 5 3 9 0 7 0 5 9 8 0 0 1 7 2 4 4 4 8
1 7 3 8 6 9 9 8 7 0 8 8 7 4 1 6 7 6 7 5
4 3 7 8 6 9 8 8 2 2 8 9 1 5 6 9 5 3 1 1
7 5 6 6 3 1 9 8 2 0 0 0 5 0 3 0 4 7 9 4
4 0 9 5 9 8 8 1 6 3 1 1 3 3 2 9 8 2 0 3
0 9 5 4 6 7 4 2 3 1 5 1 1 1 4 6 0 7 7 6
1 4 9 1 1 2 0 1 1 5 1 9 9 7 3 1 4 5 1 6
4 8 6 3 5 9 0 8 7 9 7 8 2 4 8 7 9 5 1 6
```

NUMBERS TO FIND

8410193312	62018868751	6400027078048
81011147401	756729632863	4211562257915
849053788766	7830617903310	84379789861
7313080559270	8610099355	616055766253
4760718398	66634158254	4088642109689

```
8 4 8 6 2 2 4 2 2 5 8 7 4 4 6 9 9 2 9 8
7 4 3 8 4 3 6 2   1 8 7 6 8 2 7 7 1 9 1
8 9 9 9 7 1 7 1 4 8 0 3 5 8 0 1 2 1 0 9
9 1 0 3 5 1 8 9 6 2 2 9 1 6 5 1 9 3 2 7
1 6 7 1 6 5 5 4 8 1 3 1 4 5 9 6 1 6 0 5
5 7 6 8 9 2 3 8 2 7 7 6 9 7 5 4 2 9 6 5
2 1 5 2 8 2 8 4 8 3 7 8 8 0 5 5 4 6 8 8
5 3 9 1 1 5 8 6 6 2 4 9 2 7 2 0 9 8 5 6
9 5 4 4 2 4 7 2 6 1 5 8 6 4 1 9 7 2 5 6
9 5 9 9 3 5 5 8 0 8 4 9 1 0 2 3 9 7 7 8
6 3 4 3 2 7 5 2 2 8 0 3 3 3 0 0 0 8 3 1
0 0 0 4 8 3 0 9 9 6 4 1 2 8 6 5 3 9 0 9
0 6 4 2 7 9 7 8 9 7 6 6 5 8 0 6 3 0 8 0
5 4 5 3 1 1 5 7 6 1 1 8 7 4 9 8 5 1 9 9
2 3 6 9 2 0 1 7 9 0 5 8 8 4 0 9 8 2 3 7
9 4 8 1 5 1 7 7 0 4 4 2 5 2 4 6 5 8 4 3
7 8 5 2 0 0 7 7 5 7 7 4 1 1 0 0 8 2 7 4
8 0 2 8 2 5 4 3 2 3 8 5 1 8 9 7 5 4 1 6
4 4 5 3 5 8 2 3 7 5 6 4 7 1 9 0 1 6 5 2
1 2 0 3 7 5 5 1 4 1 6 0 2 2 3 2 4 6 7 3
```

NUMBERS TO FIND

6968278901	54323851897	729124979033
91613010490	671355306434	3264379091866
970646726853	8958297121504	92500699525
6418423481366	7465732853	447648028291
5346143289	57690697110	2800114775770

```
4 0 7 4 7 1 8 5 2 9 5 9 1 7 1 3 2 8 9 6
8 2 9 6 5 6 8 9 6 0 1 9 1 9 3 1 2 4 8 2
3 8 8 5 4 9 4 1 4 9 1 8 5 1 8 3 9 3 9 7
6 0 0 5 5 6 4 0 1 5 0 5 3 0 6 1 7 5 8 9
9 1 8 1 0 0 7 8 2 2 2 8 1 8 2 7 0 5 1 2
3 4 6 9 5 0 9 7 6 3 1 0 0 1 9 6 3 6 7 4
2 5 2 5 1 4 1 0 7 5 1 7 9 5 1 8 8 1 8 0
5 9 2 7 7 1 4 6 9 1 7 7 8 8 9 2 8 5 4 3
8 5 4 1 2 3 6 6 9 4 3 4 9 2 2 2 2 1 4 8
5 9 2 6 9 4 5 6 6 9 4 0 4 1 4 6 2 1 7 0
8 3 2 3 0 6 9 9 7 2 8 6 7 1 4 0 7 5 9 3
9 1 6 3 0 7 0 1 3 9 8 8 3 8 1 4 3 8 3 2
0 5 4 5 7 5 9 5 5 8 1 8 3 6 7 7 9 7 8 9
4 6 2 1 9 7 8 8 2 9 1 6 3 8 2 1 0 4 2 7
2 8 5 1 1 3 5 4 7 5 7 9 4 5 0 5 4 4 2 8
7 1 4 0 0 4 1 9 9 6 8 9 3 4 0 4 5 1 7 6
6 8 7 0 2 6 1 7 1 9 8 2 1 0 0 4 3 8 6 0
1 0 6 6 9 5 3 2 7 4 7 8 4 4 2 9 3 5 4 6
3 2 2 8 7 1 1 3 8 8 9 1 9 9 7 2 4 1 4 8
5 8 5 4 5 1 5 5 8 6 3 2 1 3 6 6 3 5 1 9
```

NUMBERS TO FIND

5526364490	46628835043	818222870018
82217819791	585980981605	2317195925817
701791793791	7359381930223	10698656928
5523766403462	6321366351	279240380329
5931568180	48747235966	1511587441851

```
1 2 9 0 9 2 6 2 2 8 2 7 6 4 8 4 3 1 3 9
8 2 9 2 2 8 2 4 2 4 2 7 5 5 1 7 6 8 0 7
4 2 3 1 1 1 4 5 5 5 6 6 7 1 1 0 0 3 0 2
7 6 5 1 6 9 9 3 0 7 1 9 3 6 3 9 6 4 1 6
7 5 1 9 0 3 9 1 8 4 4 6 2 5 7 9 4 7 6 1
3 5 7 6 0 4 6 6 7 3 8 9 4 2 0 4 3 9 7 9
9 7 2 1 2 8 5 3 8 6 8 2 3 8 0 1 8 5 0 6
8 1 9 0 1 5 2 0 3 2 3 4 5 0 1 4 2 8 2 1
0 6 4 9 6 0 9 4 5 1 0 1 2 9 2 3 5 9 3 1
3 5 4 1 8 9 8 0 8 2 1 5 7 8 7 5 3 6 7 6
7 9 5 1 3 1 9 3 1 9 4 3 7 4 5 3 5 9 0 8
7 7 3 3 3 1 8 0 2 0 5 9 4 2 9 5 4 3 9 6
4 0 4 3 6 7 3 1 1 7 1 5 3 4 7 6 9 0 6 3
8 0 2 3 5 1 3 6 8 1 3 9 8 3 6 6 2 6 5 9
2 5 0 3 0 2 9 1 4 3 0 6 3 2 8 6 0 9 4 2
2 4 5 6 5 9 4 1 2 1 3 1 3 8 9 8 3 7 6 3
1 4 3 2 7 3 6 2 9 9 1 9 5 6 8 2 0 6 9 4
8 8 1 5 5 7 4 2 8 4 4 1 8 4 7 3 4 5 7 6
5 0 0 6 0 6 6 5 8 9 7 6 7 3 7 4 1 7 5 7
3 4 8 5 6 4 9 4 8 9 9 9 6 7 1 5 3 2 5 2
```

NUMBERS TO FIND

4084450079	38933818189	907320761003
72822629092	500606658976	1370012759768
432936861169	5760466738942	31114555667
4629109325558	5176999849	110832736367
6516993071	39803774822	3311344663677

```
0 7 4 9 8 7 6 3 1 3 0 6 8 0 3 0 9 6 8 6
8 5 4 2 3 7 5 3 7 2 3 6 8 6 9 6 4 9 9 5
6 2 5 7 5 1 1 1 1 0 1 8 8 5 5 0 3 6 1 0
6 8 2 5 0 7 1 0 2 4 1 7 9 6 2 0 8 4 5 6
5 6 4 9 0 7 2 5 3 9 3 8 3 4 7 2 4 3 6 3
3 1 5 1 4 9 4 5 8 8 8 0 4 7 0 6 8 3 3 6
5 3 2 5 5 1 4 3 3 8 2 8 3 9 6 6 1 4 1 0
2 5 0 5 9 5 6 3 3 1 7 7 4 9 0 9 6 1 2 4
4 7 4 4 2 8 5 6 1 3 3 8 1 7 3 3 3 4 6 4
6 4 8 2 7 6 0 2 7 4 6 3 3 1 7 7 3 4 8 5
2 3 2 2 6 0 9 2 4 4 2 2 2 7 2 0 5 9 1 4
1 6 5 4 8 4 3 5 8 4 5 3 3 8 8 7 5 7 1 0
5 2 5 0 7 7 2 5 8 4 8 1 5 0 8 4 0 7 2 3
3 3 8 2 2 2 4 5 5 8 2 9 5 4 4 4 3 1 1 5
6 2 8 7 4 3 7 5 0 8 2 8 9 5 7 7 8 6 3 1
6 3 3 7 9 8 6 1 5 8 8 0 3 0 1 5 3 2 3 5
1 2 6 2 9 8 3 3 3 6 7 9 4 9 7 6 6 3 8 7
5 5 9 8 5 3 5 7 0 1 7 2 1 6 6 2 1 2 1 5
4 1 5 5 5 0 3 9 7 1 1 7 9 3 5 2 4 4 5
1 4 2 3 4 2 1 9 1 6 4 0 8 1 9 2 8 6 0 7
```

NUMBERS TO FIND

2642535668	31238801335	738295827311
63427438393	415232326347	2452048255883
164081928607	4161551547661	51530454406
3734452247654	4032633347	686327357324
7102417962	30860313678	5111101885503

```
4 4 1 3 0 9 1 6 3 7 1 1 7 2 9 6 5 2 8 8
3 0 2 7 6 0 0 7 6 8 7 8 4 2 8 5 3 8 4 1
7 3 1 5 6 0 7 8 1 7 1 1 4 7 4 3 6 9 7 6
7 6 8 2 3 3 9 7 0 5 2 5 4 3 7 6 0 0 8 1
4 0 2 1 9 9 2 3 7 0 1 9 5 8 0 1 9 6 5 3
9 0 6 9 9 1 3 5 4 8 8 6 1 9 8 0 9 0 4 5
6 0 9 1 1 7 1 1 8 4 4 8 7 3 4 5 3 2 1 3
7 7 5 6 9 6 1 8 9 1 7 1 6 9 4 8 8 9 3 4
4 5 9 8 1 6 0 3 2 0 7 7 0 9 5 3 6 4 5 0
2 2 7 5 6 5 7 0 9 2 0 3 6 7 9 2 6 9 3 8
2 1 1 2 1 7 1 8 0 9 7 2 0 7 6 4 0 8 6 3
3 2 3 5 8 6 3 7 7 1 2 8 9 0 4 5 0 6 4 7
0 6 2 3 3 1 1 1 9 2 2 5 7 4 8 5 7 9 9 5
4 0 9 4 7 6 3 1 7 1 1 7 6 7 1 5 6 6 1 1
5 0 8 3 6 5 3 6 3 6 2 6 5 2 4 0 8 9 7 9
2 2 0 5 6 1 0 6 9 8 6 6 4 8 8 0 7 9 1 9
0 1 3 4 5 0 1 7 8 3 7 1 3 5 9 6 9 8 2 8
2 6 9 5 3 2 5 2 0 7 3 1 7 0 3 6 2 7 0 3
0 7 9 4 7 0 5 4 8 6 6 2 8 8 8 2 9 8 9 5
4 7 2 5 5 0 1 0 8 0 8 1 8 3 9 7 0 4 8 9
```

NUMBERS TO FIND

1200621257	23543784481	569271173619
54032247694	329858003718	3534083751998
255010808183	2562636356380	71946353145
2839795169750	2888266845	721631280758
7687842853	21916852534	6910859107329

```
9 3 9 8 0 1 7 6 3 8 4 4 4 2 2 1 4 3 1 5
5 9 1 3 0 7 6 3 1 9 1 5 0 4 7 8 3 8 1 4
1 0 0 3 9 6 2 9 1 4 0 2 5 3 9 6 5 7 9 2
8 5 0 9 3 1 9 3 3 7 9 2 1 6 2 8 5 2 4 6
0 4 5 5 7 2 0 7 2 6 7 6 7 8 4 8 5 1 7 4
5 4 7 0 4 3 6 6 7 2 8 0 3 3 7 3 2 1 7 4
5 7 7 9 9 2 9 4 6 8 0 9 4 3 3 4 8 1 3 6
1 7 3 6 2 7 0 2 8 9 4 7 3 1 2 4 0 4 1 3
9 6 9 2 9 3 7 4 9 1 0 6 3 2 6 6 1 0 5 7
2 2 3 5 3 2 6 0 8 3 9 1 1 1 6 3 7 0 5 0
3 3 9 1 8 7 6 2 8 1 0 0 6 2 4 9 7 2 4 5
6 7 5 9 3 9 1 7 2 2 5 1 8 3 6 4 9 4 2 6
1 2 7 2 9 3 3 3 0 5 1 2 0 3 4 5 1 6 3 9
6 8 2 2 7 2 8 8 9 1 0 0 1 1 8 0 1 1 9
0 0 8 1 6 7 3 6 2 2 9 8 8 6 9 5 4 4 5 5
1 3 2 9 9 9 5 4 4 3 1 4 8 3 1 3 4 9 0 7
7 4 8 4 6 0 8 7 4 4 3 2 4 4 3 9 7 9 8 7
8 1 9 3 7 1 5 7 0 2 3 5 7 0 0 0 5 2 1 5
8 4 9 0 1 9 1 6 7 8 6 9 3 9 5 4 3 7 4 3
3 1 5 3 9 7 7 8 0 3 6 1 1 8 8 8 0 9 7 1
```

NUMBERS TO FIND

2801779104	15848767627	400246149927
44637056995	244483671089	4616119248113
345939687619	3693802013133	92362251884
1945138091846	1743900343	756935204192
8273267744	12973391390	8710616329155

```
8 3 0 9 5 3 5 5 1 9 3 9 4 3 2 9 2 7 3 3
2 6 4 0 0 6 5 3 3 4 4 0 2 9 3 6 9 5 1 0
3 5 2 2 5 2 9 8 2 1 1 9 4 1 4 6 5 8 1 2
3 7 2 4 3 3 5 8 9 6 4 3 7 9 2 8 5 5 8 0
7 3 6 6 5 5 5 6 1 0 6 0 0 0 9 2 1 0 8 7
6 9 6 1 9 5 4 5 4 5 7 2 6 0 4 0 9 2 9 0
7 2 8 5 0 9 9 0 4 6 4 4 1 8 1 4 1 2 3 0
5 3 1 1 7 5 6 1 9 9 8 7 2 2 3 4 2 8 7 7
5 4 5 9 1 6 0 9 7 4 3 4 4 5 2 3 9 6 0 6
2 9 8 9 5 3 4 4 3 6 9 1 3 4 9 1 5 0 2 9
3 8 7 4 6 0 5 9 8 6 5 6 9 1 2 3 3 3 6 2
2 5 1 3 0 5 0 5 7 1 2 8 2 1 8 2 5 2 8 6
8 7 9 1 3 1 9 6 1 9 0 7 6 0 6 9 8 1 4 6
5 1 2 4 9 3 6 0 6 3 6 1 3 8 4 2 5 9 7 8
0 0 7 5 4 9 5 8 2 2 5 7 3 9 6 0 9 6 0 1
8 1 1 1 8 4 5 0 6 7 9 3 1 9 0 3 4 4 9 4
9 0 1 8 6 8 2 0 1 0 2 4 4 8 4 1 4 9 7 2
9 2 6 1 8 4 4 1 6 5 4 3 0 3 3 2 4 1 3 5
5 4 8 5 9 8 5 3 2 2 1 6 0 9 7 6 1 9 4 3
0 5 5 0 5 4 3 5 1 5 6 0 6 5 7 2 0 7 3 9
```

NUMBERS TO FIND

4402936951	26191394553	231221266235
35241866296	159109348460	5698154744228
436868567195	4824967669886	79074862073
1050481013942	1004996707	792239127626
8858692635	10175894329	7981135513534

```
3 8 8 2 7 8 7 6 5 6 2 6 3 8 5 0 3 4 7 1
7 4 2 2 5 6 9 4 8 5 8 5 2 9 4 1 0 4 0 8
5 5 4 7 9 7 9 5 8 7 4 3 7 7 3 3 9 4 3 2
6 3 9 4 5 0 7 4 4 0 3 5 2 3 3 4 7 8 6 2
4 9 5 7 9 4 6 0 8 9 2 6 6 1 0 3 4 3 6 3
6 8 9 7 0 6 3 7 6 7 6 7 1 9 1 4 1 3 0 4
9 1 4 0 7 1 5 0 7 8 8 5 7 7 9 5 2 9 0 8
5 3 0 5 5 7 4 9 5 0 7 0 9 9 2 5 0 4 4 9
2 9 5 4 2 1 7 0 1 1 1 5 0 6 4 6 4 4 0 1
4 9 5 9 4 4 1 9 6 0 0 3 3 4 4 6 3 6 9 9
7 0 0 6 4 2 0 2 7 1 8 6 9 5 2 5 5 9 4 5
1 1 8 6 1 2 7 9 7 9 4 1 0 6 3 7 6 7 7 9
0 6 2 7 4 3 6 6 1 3 6 7 1 1 1 8 3 4 9 9
7 5 0 0 0 6 3 4 6 9 6 0 2 5 1 7 7 3 8 1
1 7 3 7 0 8 4 3 5 0 8 9 9 2 2 4 2 3 9 0
9 4 4 4 1 1 7 5 2 6 6 1 3 7 3 7 2 5 3 3
3 6 9 2 9 0 9 6 5 6 0 6 7 6 7 2 9 2 6 4
6 7 6 3 5 8 3 6 4 1 6 9 4 7 7 2 5 7 2 5
8 9 0 6 7 4 6 6 7 4 2 3 3 4 6 6 0 3 3 4
1 5 2 3 2 1 5 4 2 2 4 8 9 5 9 2 3 5 3 4
```

NUMBERS TO FIND

6004094798	36534021479	396372115099
25846675597	224895923534	6780190240343
527797446251	5956133326639	65787472262
2348919599103	2533479644	827543051060
9444117526	24429103345	7251654697913

PUZZLE #93 | DIFFICULTY: HARD

```
5 7 4 7 9 8 2 0 3 7 0 7 9 7 0 8 9 5 6 4
9 6 6 4 4 2 5 6 3 6 5 5 7 1 6 4 1 2 4 6
9 0 6 2 0 8 9 2 5 9 9 0 4 2 1 8 7 6 5 4
4 5 8 5 5 4 5 0 7 2 8 3 8 9 5 2 7 6 6 4
1 2 8 4 1 1 0 7 6 7 2 4 6 2 7 5 9 2 9 9
8 5 2 7 4 6 3 7 2 8 6 1 6 9 3 8 4 7 3 0
9 2 4 0 8 0 4 9 9 9 2 9 7 2 2 8 7 5 6 9
1 6 6 2 8 6 8 5 7 3 1 4 0 3 1 2 6 9 2 7
8 4 8 8 8 9 2 4 1 6 8 5 9 8 8 3 5 1 3 7
5 5 5 9 8 0 4 2 0 4 9 9 5 7 1 8 1 1 9 1
3 5 4 3 2 9 0 4 2 5 8 3 0 1 6 0 2 4 6 7
3 8 3 8 4 6 9 0 8 5 7 4 3 0 8 0 8 2 6 5
4 9 3 9 4 1 5 1 5 4 7 3 8 4 4 5 8 2 9 7
2 2 2 8 0 7 1 2 6 2 6 3 9 9 9 9 7 0 0 2
7 5 0 1 5 7 9 3 5 6 5 5 7 6 0 8 7 3 6 3 8
4 9 9 2 1 6 4 3 1 6 7 8 2 4 7 3 9 1 8 1
3 6 1 8 7 2 6 3 2 6 3 0 7 1 5 1 8 2 8 3
8 9 4 6 8 7 6 6 4 8 4 0 5 9 6 8 9 3 7 2
8 5 2 6 3 8 6 8 2 3 1 2 3 6 1 1 8 5 7 9
0 8 2 8 3 6 6 2 0 2 9 9 5 2 8 1 6 4 0 8
```

NUMBERS TO FIND

7605252645	46876648405	561522963963
16451484898	290682497608	7862225736458
618726326307	7087298983392	52500082451
3647358184264	4061962581	862846974494
8139400983	38682312361	6522173882292

```
2 7 3 6 0 3 4 8 9 8 1 5 0 8 9 7 9 2 8 2
1 8 1 1 0 5 0 9 6 3 6 6 7 3 5 2 6 4 7 1
7 2 6 6 9 1 3 4 4 7 8 2 7 8 1 7 4 3 9 0
7 7 9 1 2 3 1 1 7 5 8 5 9 5 4 4 7 7 8 9
3 5 3 6 7 5 0 6 8 2 7 4 5 7 1 8 0 1 4 5
1 9 5 9 9 0 9 0 1 5 4 9 1 4 8 5 5 2 8 7
2 7 2 8 5 5 9 8 1 2 4 6 6 1 7 5 1 0 1 1
5 4 3 1 0 2 3 6 6 8 1 4 5 7 4 9 7 6 7 4
5 7 8 0 2 7 1 1 4 9 9 9 8 4 6 7 9 6 6 2
3 0 3 2 6 6 2 7 2 6 1 1 0 8 6 9 5 5 7 0
9 7 5 6 4 3 9 0 6 3 5 9 7 7 8 3 4 9 6 1
2 7 2 7 2 2 6 2 4 9 5 3 5 3 8 0 0 2 3 0
5 7 8 5 8 4 0 7 6 5 4 1 1 7 1 6 5 3 5 0
7 1 7 8 1 1 5 1 0 4 9 9 3 3 5 3 4 5 3 0
0 3 7 0 2 2 4 9 9 0 0 4 7 4 3 2 9 6 2 7
8 3 4 8 3 9 4 6 8 3 4 6 8 4 4 4 0 0 2 6
9 9 1 7 8 8 8 2 3 6 6 5 0 2 5 5 6 9 0 7
2 1 9 1 7 6 6 6 0 3 9 6 2 9 7 5 5 1 1 0
1 4 4 0 1 6 6 5 7 2 1 9 2 7 5 3 3 1 2 0
0 5 7 8 2 1 8 4 6 4 6 4 0 1 4 5 6 3 8 6
```

NUMBERS TO FIND

9206410492	57219275331	726673812827
30018917313	356469071682	8944261232573
709655205663	821846464 0145	39212692640
4945796769425	5590445518	898150897928
6834684440	52935521377	5792693066671

```
9 2 7 7 9 1 1 5 8 0 4 8 5 0 0 8 6 8 1 0
5 9 3 0 0 7 9 8 5 7 4 1 3 3 9 7 8 2 1 9
0 8 6 5 7 9 2 7 4 2 2 2 5 5 6 4 6 7 5 6
8 8 5 9 3 8 8 7 2 9 2 1 1 3 9 2 6 4 2 8
3 8 5 3 4 7 2 3 5 0 3 6 7 5 7 1 5 8 9 0
9 7 4 4 9 6 0 9 6 8 3 0 0 3 4 8 9 1 6 1
3 0 8 9 4 9 3 1 6 6 5 0 1 3 2 0 2 5 9 9
0 0 2 6 3 9 5 3 3 5 5 6 3 8 1 0 8 3 8 5
3 0 9 3 5 2 2 9 7 9 3 3 9 7 5 2 8 9 7 4
7 3 8 0 9 5 9 2 9 8 8 1 0 0 4 2 8 5 4 8
8 9 1 2 4 5 5 7 6 9 8 2 1 0 4 0 9 1 0 1
8 9 1 9 1 6 2 4 4 2 3 5 3 5 4 5 8 6 2 5
1 9 7 6 7 5 0 4 4 9 2 5 3 7 6 1 7 3 1 8
7 8 7 8 9 4 4 6 1 2 5 1 6 5 6 5 1 4 2 4
6 3 2 9 3 5 6 5 1 4 5 8 5 7 2 1 6 8 2 7
2 3 0 8 5 1 6 2 5 3 5 7 5 4 7 8 0 2 7 1
2 4 0 4 6 9 3 4 3 9 5 6 6 8 9 5 8 6 4 4
3 5 1 9 6 6 0 4 3 5 8 6 3 4 9 7 2 8 2 5
6 2 1 1 0 4 7 5 2 2 0 9 1 6 5 7 6 9 2 5
1 7 7 5 4 4 5 5 4 8 0 1 0 9 3 9 1 5 5 0
```

NUMBERS TO FIND

8010939155	67561902257	891824661691
43586349728	422255646756	7000399983345
800584085119	9349630296898	25925302829
6244235354586	7118928455	781140035663
5529967897	67188730393	5063212251050

```
0 5 9 4 5 2 4 2 1 7 7 9 0 4 5 2 9 1 8 3
7 4 7 9 4 1 4 4 2 2 5 2 5 1 3 5 4 5 0 1
0 5 4 5 6 3 9 6 0 2 9 7 0 2 1 2 3 3 9 4
3 7 0 8 8 8 3 3 9 8 4 5 0 1 3 3 4 9 8 0
0 0 0 7 3 2 3 3 4 0 9 2 0 5 2 8 7 7 1 0
2 3 5 5 2 9 7 7 7 7 9 1 8 6 1 9 5 8 2 5
0 9 4 0 3 4 2 2 6 3 1 8 8 7 6 9 4 1 6 4
1 1 6 7 4 7 6 7 9 2 1 6 3 9 5 2 2 5 3 7
5 9 1 2 0 3 2 6 7 9 8 4 1 2 5 2 6 3 7 0
8 5 8 9 7 0 5 7 4 3 5 5 3 4 5 6 7 9 9 9
1 3 0 3 8 5 0 9 9 1 7 5 9 5 2 4 3 5 1 1
8 7 3 6 8 1 2 8 7 1 2 0 1 0 4 6 9 8 3 4
7 9 5 6 7 3 3 4 5 9 7 9 7 9 8 2 3 9 0 1
6 8 9 8 2 1 6 3 7 5 7 8 1 3 4 3 9 3 1 3
4 3 1 0 1 3 7 7 6 5 5 7 2 7 5 9 7 0 8 3
5 1 7 9 5 8 0 5 6 3 3 5 3 2 3 3 4 2 0 3
1 2 6 0 2 5 0 3 5 3 0 8 1 1 0 3 7 4 8 1
8 0 4 1 0 6 1 2 5 5 5 2 3 3 1 7 9 5 6 7
6 5 4 8 9 4 6 6 8 5 1 7 1 0 7 7 4 8 9 7
3 3 5 7 0 0 0 3 8 8 1 2 2 4 0 8 8 4 6 5
```

NUMBERS TO FIND

6815467818	77904529183	1953081645004
57153782143	488042218830	10112770178
711377979534	8153958930245	12637913018
7542673939747	45238909642	664129173398
4225251354	911389386862	4333731435429

```
2 0 1 1 2 1 3 8 0 9 6 8 5 2 6 7 3 2 4 4
7 0 7 4 2 6 4 3 4 3 5 8 7 9 7 6 5 3 0 5
8 6 5 7 6 2 4 3 2 8 5 6 0 5 5 4 5 0 6 0
6 9 9 4 1 8 7 0 7 0 6 6 5 3 7 1 3 7 0 9
4 1 4 8 3 0 6 7 0 3 3 6 9 6 8 1 8 3 5 3
2 2 2 8 7 8 9 2 5 6 1 7 6 5 6 8 2 5 7 6
9 0 5 7 8 7 8 4 7 9 6 4 8 7 4 4 8 3 3 4
2 0 7 8 8 3 3 4 9 0 5 2 0 8 9 3 7 0 6 3
7 4 5 9 7 3 7 9 1 2 9 2 8 2 0 5 9 3 0 3
7 9 8 6 8 0 6 1 9 1 7 7 1 8 1 0 4 2 4 1
3 2 4 8 2 4 7 9 7 5 1 5 7 5 6 2 9 3 2 1
1 1 8 1 8 2 6 2 0 1 4 2 6 9 5 9 0 4 5 1
8 8 8 1 4 1 0 7 1 6 2 4 5 6 1 2 4 6 0 3
2 8 7 9 4 7 6 7 8 2 2 2 0 2 7 5 1 7 6 8
3 2 2 6 5 7 4 8 3 6 1 1 6 5 4 9 3 7 1 1
4 5 7 7 4 3 1 5 1 7 6 4 8 5 2 9 5 5 9 1
8 9 4 0 0 3 1 2 6 7 2 6 5 9 8 3 0 5 8 7
6 7 6 4 8 2 6 1 1 5 2 2 3 5 8 4 8 8 0 4
9 9 4 4 4 8 0 8 2 4 8 1 0 0 8 9 9 4 8 5
3 4 0 4 4 6 8 5 2 3 0 6 5 3 1 3 9 6 9 6
```

NUMBERS TO FIND

5619996481	88247156109	2888833453667
70721214558	553828794904	30735303234
622171738849	6958287563592	94147456586
8841112524908	60476705720	547118311133
2920534811	976416992546	3604250619808

PUZZLE #98 | DIFFICULTY: HARD

```
9 9 9 7 4 5 7 5 8 3 3 7 3 5 1 3 4 2 5 9
0 3 8 4 2 8 4 2 8 8 6 4 6 9 7 3 4 9 0 1
1 6 0 3 4 7 8 3 6 2 9 0 2 3 4 5 0 6 7 2
2 8 4 3 8 5 5 5 4 4 0 1 5 8 0 3 5 5 3 8
8 9 7 1 0 5 4 1 7 5 7 6 9 6 3 0 4 9 8 7
0 8 1 9 2 5 8 1 7 8 9 6 6 8 1 3 0 7 0 4
0 7 6 5 2 5 5 4 1 5 4 1 4 8 6 8 8 8 8 7
5 5 3 2 4 4 2 4 5 2 5 1 4 4 2 7 6 4 4 6
3 0 7 1 8 7 5 2 5 6 7 1 7 4 6 9 1 1 8 9
2 4 3 6 9 1 2 9 9 2 1 2 7 7 7 8 5 7 2 8
9 3 3 9 2 8 8 8 6 3 4 3 5 0 0 5 9 0 4 0
6 3 5 8 0 6 9 5 2 3 1 5 8 1 0 8 4 8 6 4
5 4 1 8 1 9 1 1 1 0 6 7 4 0 6 9 3 1 5 1
7 8 6 8 4 8 6 6 7 6 0 8 3 3 5 2 6 1 6 8
6 8 3 2 2 7 9 8 1 9 1 3 5 4 6 2 6 7 8 7
8 6 1 0 9 2 9 2 5 9 3 1 9 3 5 4 0 6 6 9
5 5 6 0 5 5 8 1 7 1 6 7 4 3 6 4 4 0 3 8
6 3 0 4 4 8 4 2 6 9 7 9 9 4 4 3 7 1 0 8
4 8 4 0 8 6 5 6 1 6 1 7 3 1 3 2 1 7 7 5
9 0 3 2 8 9 8 6 5 2 5 9 9 9 2 9 8 5 2 6
```

NUMBERS TO FIND

4424525144	98589783035	3824585262330
84288646973	619615368978	60347836290
532965768564	5762616196939	87532111661
7319891793791	75714501798	430107448868
1615818268	866133300551	2874769804187

```
7 3 4 4 2 8 8 3 9 7 0 6 5 8 7 9 7 0 1 4
5 7 3 2 6 6 6 1 2 2 3 4 4 1 9 3 0 5 2 4
5 5 3 6 5 6 3 6 3 1 3 2 5 9 3 3 7 0 0 3
8 2 6 0 1 0 8 7 1 3 1 7 7 1 5 9 4 7 3 7
4 2 8 5 9 3 1 2 1 1 9 0 3 0 8 3 3 6 9 5
9 5 5 2 6 1 0 9 0 9 1 0 7 6 2 0 6 6 8 9
6 0 4 8 1 6 3 2 1 3 9 0 7 5 9 2 2 1 0 6
0 6 0 4 1 8 3 3 6 6 8 1 0 5 5 7 6 8 3 2
8 7 1 9 3 1 1 7 5 4 0 4 7 2 6 5 4 1 1 6
5 7 9 2 2 2 1 8 6 6 3 0 4 6 2 6 0 6 5 2
5 1 4 2 5 7 6 1 2 6 8 9 7 9 3 7 6 4 3 7
6 0 2 3 9 6 4 6 9 9 7 9 6 0 6 8 0 7 9 9
9 5 0 6 0 3 7 6 8 3 0 6 7 3 1 6 9 2 1 3
3 4 5 3 3 4 4 2 7 9 9 0 1 8 0 9 5 0 4 1
2 8 2 1 6 0 4 9 8 1 6 5 7 9 2 6 4 4 7 3
5 7 3 7 5 3 8 2 2 1 5 5 6 0 0 0 9 6 1 4
7 6 9 0 9 5 2 2 9 7 8 7 6 3 6 8 6 9 6 1
7 3 9 9 0 7 0 7 3 3 0 6 7 4 6 7 0 1 8 8
9 9 4 8 9 5 9 6 6 5 8 8 9 8 8 2 5 4 1 2
4 3 8 1 5 3 6 2 7 0 8 3 5 0 9 2 2 3 8 0
```

NUMBERS TO FIND

3229053807	81111939563	47603370070993
97856079388	685401942052	89960369346
443759626279	4566944830286	80916766736
5798671062674	90952297876	313096586603
2344193052	755849608556	2145288988566

PUZZLE #100 | DIFFICULTY: HARD

```
4 7 0 2 1 4 1 5 8 0 8 1 7 2 9 4 5 8 6 2
6 5 6 9 7 8 8 8 0 6 9 6 5 8 7 8 5 3 1 9
6 8 2 8 2 0 1 4 8 7 6 9 2 9 5 5 1 3 0 3
3 5 8 7 0 7 4 3 5 7 0 3 2 1 1 6 4 4 9 9
8 4 2 2 7 0 4 9 1 3 9 7 1 2 1 4 6 2 5 9
7 7 2 5 4 4 1 9 3 4 5 9 9 4 8 5 2 7 9 2
6 6 1 7 9 7 2 9 0 7 0 3 0 0 8 5 4 5 2 0
5 6 1 3 7 1 6 9 0 6 9 0 1 1 1 6 2 8 9 5
2 8 5 4 3 4 2 5 9 8 9 0 6 7 6 5 8 0 8 0
7 1 0 3 5 6 5 0 8 5 3 3 7 9 7 9 8 6 6 8
0 1 6 4 6 7 4 0 6 2 5 1 7 4 1 1 8 9 1 7
3 1 0 6 9 3 8 5 3 3 7 7 4 2 2 6 1 1 2 9
8 4 0 0 6 3 7 5 6 3 8 4 1 7 6 5 4 0 5 9
4 7 2 3 5 4 4 0 8 5 1 7 6 9 7 6 0 6 3 0
4 3 6 0 0 8 0 2 5 1 7 5 6 0 2 1 7 2 8 1
3 8 4 9 9 9 6 5 3 5 5 4 5 3 9 5 0 3 8 2
2 8 9 1 1 8 1 2 4 1 0 3 4 7 4 7 7 3 6 5
5 0 8 3 1 3 9 7 0 3 0 2 7 7 2 9 8 2 6 2
1 7 4 6 0 4 3 3 6 3 6 4 3 7 2 1 7 3 3 3
2 0 7 4 2 8 5 3 3 0 2 3 4 7 3 9 3 6 9 2
```

NUMBERS TO FIND

2033582470	63634096091	5696088879656
80019083147	751188167126	68835216892
354553569994	3371273463633	74301421811
4277450331557	82211506002	196085724338
3072567836	645565916561	1415808172945

PUZZLE #101 | DIFFICULTY: HARD

```
1 3 5 8 4 7 5 3 3 8 1 6 4 5 4 9 6 0 0 8
3 2 2 0 0 3 3 3 1 1 1 6 2 3 8 3 2 8 1 0
6 3 2 8 0 2 0 0 9 3 6 9 2 1 2 1 7 9 5 6
5 9 0 0 3 0 7 2 4 7 5 3 6 9 2 4 1 6 2 3
0 0 9 5 6 5 4 7 7 6 2 0 0 9 6 4 2 9 7 5
1 7 5 1 6 8 1 6 9 7 5 0 9 0 2 0 0 0 3 6
0 3 2 1 3 1 4 3 5 6 8 3 6 4 6 8 7 2 1 8
4 5 3 5 7 8 7 4 5 9 4 6 8 9 0 7 2 0 6 8
0 4 3 1 0 3 8 6 7 1 1 2 0 8 1 8 5 6 6 6
2 7 9 4 3 0 5 6 0 6 3 6 2 0 2 2 4 5 9 7
6 4 1 5 7 6 0 1 0 4 0 3 8 0 8 1 4 7 1 0
2 3 7 5 1 5 8 3 6 4 1 8 1 6 7 4 0 1 6 6
4 5 3 4 9 9 1 8 3 7 8 2 2 5 0 1 3 2 2 8
9 6 9 8 3 6 1 6 5 8 2 1 6 0 2 7 3 3 5 6
0 2 9 1 2 9 7 0 2 1 0 6 3 7 4 0 0 0 2 7
0 9 5 6 3 2 1 8 2 1 8 9 0 6 9 7 0 5 6 6
8 9 2 7 0 9 5 2 3 2 0 7 2 0 6 4 1 0 5 4
3 2 6 1 6 9 0 7 4 3 9 8 4 7 3 3 0 7 1 0
8 2 7 5 6 2 2 9 6 0 0 4 4 0 6 7 0 8 6 6
5 3 5 2 8 2 2 2 4 5 6 6 7 7 6 2 3 1 4 9
```

NUMBERS TO FIND

3410189315	46156252619	6631840688319
62182086906	816975090200	673918643284
265347453709	2175602096980	67686076886
2756229600440	73470714128	261113330022
3800942620	535282224566	3001003304452

PUZZLE #102 | DIFFICULTY: HARD

```
8 8 0 1 4 9 3 5 4 9 9 2 5 6 7 0 9 5 4 6
7 9 6 3 4 1 6 7 4 5 2 9 3 1 7 4 0 4 6 1
3 6 1 7 8 9 4 7 3 9 3 1 6 2 3 5 8 5 7 7
3 5 5 5 4 6 2 5 4 5 7 3 9 8 1 2 5 2 5 5
9 1 4 6 2 4 4 4 5 3 1 2 5 7 0 1 6 2 4 2
0 8 6 7 3 8 7 1 0 4 0 5 9 7 4 1 7 2 0 3
9 3 1 5 8 2 5 1 9 8 7 1 2 8 9 8 4 9 9 5
6 2 3 9 0 9 3 6 0 9 1 3 6 3 2 8 4 9 4 8
4 6 8 2 7 4 1 9 6 1 4 6 7 3 2 4 4 2 7 9
6 1 1 4 6 1 4 5 6 6 6 3 5 0 8 5 8 7 8 9
4 4 3 9 1 1 1 9 5 8 1 9 8 1 6 1 4 4 6 4
2 0 4 6 9 5 6 1 6 5 8 5 1 3 9 2 2 6 7 2
4 9 5 9 0 0 7 3 9 4 0 0 3 3 5 4 7 0 9 4
6 3 8 8 1 6 1 4 3 0 7 5 0 4 7 3 3 8 6 5
4 5 4 2 9 0 1 3 3 5 4 5 5 5 1 0 4 2 1 0
1 7 8 5 2 3 6 4 2 6 7 6 6 7 3 2 7 6 6 5
8 0 9 4 7 0 3 1 9 7 1 5 1 0 3 2 6 0 0 5
0 6 5 4 7 2 1 5 6 1 6 7 2 8 8 6 1 6 1 1
5 4 2 4 0 2 2 7 4 6 1 8 5 7 3 2 3 9 8 6
2 9 2 2 8 6 7 8 4 0 9 1 4 7 7 8 4 9 8 6
```

NUMBERS TO FIND

4786796160	28678409147	7567592496982
44345090665	882761651274	227461857323
176141357424	3430058028424	61070731961
1235008869323	64729922254	326140935706
4529317404	424998532571	4586198435959

```
0 9 6 3 2 3 5 4 6 5 0 3 4 4 3 3 0 5 8 6
5 1 2 7 3 7 3 8 3 1 8 9 0 4 8 0 5 2 2 1
9 9 4 0 7 0 0 6 2 7 4 0 3 6 1 8 6 8 6 2
9 6 2 8 7 0 4 8 4 7 4 0 4 8 6 3 2 5 7 8
2 9 5 2 5 7 6 9 2 1 8 8 9 0 8 0 9 2 5 8
5 3 9 1 1 6 8 5 4 1 3 9 0 8 7 3 9 6 0 6
5 6 6 1 7 1 3 9 3 5 6 7 4 6 6 1 7 3 4 9
9 2 4 6 8 6 8 3 5 0 4 6 1 7 5 9 9 1 8 4
2 4 0 6 7 9 3 1 8 4 0 2 5 5 6 8 7 7 4 4
0 2 8 3 8 2 1 5 3 8 4 2 7 1 5 9 1 0 1 2
2 6 4 5 0 2 5 4 2 7 3 5 6 8 9 5 6 5 7 4
3 1 5 9 4 7 5 8 4 3 9 3 5 5 5 5 5 0 4 4
4 8 4 8 8 8 3 6 6 2 4 5 6 3 9 0 9 0 1 9
8 1 6 8 7 9 2 4 8 0 6 1 5 0 8 9 2 1 3 0
5 5 7 3 7 5 4 3 3 8 7 8 0 3 9 7 3 8 8 8
6 3 9 4 9 0 2 0 9 3 5 0 0 9 2 4 0 7 6 0
8 9 8 5 9 7 0 5 3 3 7 5 2 8 8 6 0 3 1 5
8 9 1 7 5 5 6 0 9 3 4 9 1 7 8 4 4 0 6 6
5 9 0 7 5 4 8 1 4 6 2 8 1 7 1 4 3 8 4 2
2 8 6 2 4 3 3 2 1 0 9 8 0 1 0 1 3 4 9 2
```

NUMBERS TO FIND

6163403005	11200565675	8503344305645
26508094424	948548239348	781005071362
299797165923	4684513959868	54455387036
3321098010134	55989130380	391168541390
5257692188	314714840576	6171393567466

```
7 5 6 6 9 5 3 3 1 5 4 5 2 7 7 9 4 5 7 3
3 0 8 8 5 3 0 1 6 2 1 6 0 6 0 8 5 7 5 2
7 3 5 2 3 4 1 5 6 5 4 9 2 4 7 6 6 2 6 4
0 2 8 4 4 5 0 8 8 7 4 0 9 4 7 9 1 5 5 9
9 3 1 1 0 3 9 7 8 9 4 9 7 6 0 3 9 2 5 6
0 7 7 5 0 1 1 4 1 4 0 4 0 5 4 3 6 8 3 4
6 4 3 9 4 4 0 4 3 8 4 0 3 3 8 3 1 9 9 4
7 8 2 3 8 0 5 1 9 0 7 8 0 9 7 2 4 4 9 3
2 8 5 3 4 9 1 8 3 8 1 1 6 4 2 5 7 3 8 9
7 9 0 2 4 4 6 9 2 3 4 9 5 4 5 7 0 9 1 3
7 1 1 5 8 5 8 8 6 8 8 3 7 0 4 7 7 0 7 0
0 1 5 5 9 2 5 8 9 4 2 4 6 9 8 4 9 9 0
1 9 8 4 7 7 4 9 1 5 4 5 3 3 2 4 7 6 9 1
6 1 2 5 8 9 7 3 6 8 6 2 4 6 5 2 5 1 7 4
8 2 5 2 7 1 1 5 3 2 3 5 5 3 6 5 2 1 7 3
2 7 0 1 5 2 3 3 5 1 4 8 7 3 3 7 8 4 9 2
6 1 7 2 4 7 8 9 6 3 8 2 7 7 4 7 9 3 5 9
6 0 0 2 4 5 2 3 3 4 4 5 2 3 1 4 4 0 5 8
4 7 8 0 0 7 2 7 6 0 2 1 9 4 5 8 1 8 3 9
7 4 9 6 6 3 6 0 2 7 9 6 6 0 6 8 9 5 2 6
```

NUMBERS TO FIND

7540009850	24314984343	9439096114308
39981799779	892341003934	334548285401
423452962422	5938969891312	47840042111
5407187150945	47248338506	456196147074
5986066972	204431148581	7756588698973

```
4 3 5 2 1 1 5 7 7 7 8 8 8 7 8 4 5 5 0 3
4 4 0 0 0 0 1 1 1 1 1 4 4 2 3 2 7 5 3 0
5 4 3 1 7 9 5 2 7 9 1 3 8 9 9 4 6 8 9 7
0 3 6 4 0 0 6 7 0 9 3 5 6 1 4 6 8 7 4 5
7 1 7 6 5 5 3 3 9 9 9 1 1 1 8 5 7 7 0 3
5 5 2 2 5 8 6 5 6 7 1 4 4 4 1 7 5 6 1 7
5 0 2 4 7 2 2 5 2 1 2 2 3 7 5 2 7 5 8 7
0 5 5 1 1 0 3 0 4 9 2 4 7 3 6 2 5 9 4 2
7 5 0 7 2 7 5 6 8 5 6 4 1 8 0 8 8 9 7 4
8 5 1 5 1 3 4 4 0 3 5 3 1 4 1 5 3 9 9 0
7 4 5 1 6 9 6 5 7 9 1 7 0 8 8 2 6 0 8 2
7 3 6 8 7 1 7 6 6 1 9 1 9 4 7 4 1 0 5 6
3 5 9 2 9 8 7 6 4 6 0 0 3 6 3 3 3 2 1 3
7 4 9 3 1 7 1 6 4 5 3 8 2 0 8 9 3 4 0 3
7 0 3 2 8 6 1 2 0 0 7 9 8 4 7 1 7 6 1 6
5 3 6 6 6 6 2 7 4 8 1 0 5 0 6 7 6 4 7 5
1 9 8 1 8 1 6 8 8 7 5 6 5 4 4 5 8 3 5 1
9 8 9 7 4 5 2 5 5 3 6 4 5 8 1 9 5 8 3 9
2 8 2 2 0 4 3 6 6 9 7 2 6 7 3 7 2 6 1 5
0 8 4 0 3 8 3 8 7 1 4 3 9 7 2 8 0 1 6 3
```

NUMBERS TO FIND

8916616695	37429403011	8111999335567
53455505134	836133768520	352115777888
547108804921	7193425822756	41224697186
7493276291756	38507546632	521223752758
6714441756	400001111144	9341783830480

PUZZLE #106 | DIFFICULTY: HARD

8 8 5 6 1 2 1 3 6 6 8 1 4 9 4 1 6 9 7 6
1 9 7 8 9 6 7 8 4 9 0 2 5 5 6 8 2 6 3 6
1 5 6 4 7 6 7 8 5 7 4 5 7 6 6 7 9 2 6 7
0 6 7 3 4 7 9 9 6 8 3 1 9 8 3 8 0 5 7 9
3 7 7 7 4 2 0 4 1 7 6 5 7 7 2 6 6 0 0 5
3 0 6 1 6 2 8 0 2 2 7 1 0 9 6 6 2 5 7 9
3 3 6 5 9 9 5 1 2 3 1 2 7 2 6 5 9 4 6 9
4 2 4 6 2 1 5 5 6 4 2 5 3 4 9 8 5 3 4 6
6 0 8 3 9 3 3 1 6 5 5 7 7 5 3 8 2 8 6 2
6 0 1 2 4 9 4 6 8 7 4 7 0 6 8 7 1 2 2 4
2 6 7 0 0 9 4 5 8 3 2 0 1 8 5 1 1 1 7 4
3 8 8 6 7 1 4 4 6 2 6 9 7 8 8 9 8 6 4 8
4 5 4 6 3 0 8 4 4 3 7 3 5 5 8 4 9 7 2 5
1 3 6 4 9 7 1 3 2 0 9 4 5 9 6 7 8 9 0 3
4 0 5 5 1 3 0 0 8 5 0 7 9 5 5 2 4 2 9 1
5 9 8 4 0 1 2 9 2 9 6 6 5 0 9 1 9 4 6 5
4 5 8 2 3 1 0 0 4 6 3 3 2 9 6 3 5 1 8 2
6 6 2 6 9 1 4 6 0 1 2 3 5 6 2 9 9 7 7 6
3 7 8 3 0 5 8 2 6 2 9 9 1 5 2 8 6 3 1 8
9 9 0 4 5 7 9 3 7 9 7 7 5 1 1 0 3 6 6 5

NUMBERS TO FIND

7019931922 50543821679 6784902556826
66929210489 779926532106 6149418663121
670764627420 8447881754200 34609352261
9579365432567 29766754758 586251358442
7442816540 595571073707 8110333466234

107

```
2 1 3 1 3 9 7 0 2 3 3 7 6 8 5 6 4 4 7 2
7 5 2 6 9 1 9 9 4 4 0 2 4 4 9 7 8 5 0 2
9 7 0 6 2 5 7 9 9 0 6 5 0 6 3 7 6 9 7 9
9 5 7 7 1 1 8 4 5 8 8 0 2 2 7 8 1 6 1 2
4 9 8 2 0 8 8 5 6 5 4 8 6 1 1 8 1 0 6 0
0 5 0 3 2 1 5 2 6 5 5 6 5 8 4 9 9 9 4 1
0 8 5 7 5 7 7 8 8 5 4 3 1 4 3 2 7 5 9 9
7 0 2 1 9 1 4 8 7 1 9 4 1 7 4 2 3 2 1 5
3 8 1 9 6 1 0 5 8 9 9 9 8 0 7 0 1 7 8 0
3 7 9 2 2 9 3 5 8 1 7 4 7 1 3 1 7 3 6 7
6 7 7 9 8 1 8 5 8 7 1 7 6 2 4 8 9 1 3 2
5 5 3 6 8 3 3 3 3 5 6 0 7 4 6 3 8 0 6 6
2 0 0 3 4 2 9 8 1 7 4 7 7 9 3 5 5 9 5 3
0 8 8 9 2 4 0 5 0 7 8 7 1 0 9 2 3 6 8 0
9 7 5 2 3 1 8 0 1 1 8 4 1 2 6 5 8 8 2 1
8 5 2 0 3 4 5 1 9 3 8 7 8 6 6 1 7 1 4 4
1 4 6 3 2 9 3 9 8 7 7 0 4 9 4 3 7 7 0 1
9 5 8 0 5 5 4 5 8 6 2 9 1 3 0 9 4 2 3 1
8 0 4 4 8 5 1 9 2 0 4 0 8 8 8 6 7 6 4 9
7 8 7 6 5 1 2 7 8 9 6 4 1 2 6 4 5 1 7 7
```

NUMBERS TO FIND

5123247149	63658240347	54578057785085
80402915844	723719296392	11776678115620
794420449919	9702337685644	27994007336
8331083779144	21025962884	651278964126
8171191324	791141036270	6878883101988

```
4 1 8 7 5 2 4 7 7 3 7 2 3 4 7 4 6 5 9 2
9 9 7 0 5 3 0 6 5 6 6 4 4 0 4 2 0 8 1 7
6 2 6 1 5 9 8 6 7 1 0 9 9 8 8 3 3 0 9 1
1 0 7 7 6 6 5 3 1 9 0 1 9 2 4 8 6 1 4 7
6 1 7 3 2 6 9 3 4 2 2 1 0 0 0 9 4 6 2 2
4 0 2 8 8 4 0 6 5 8 6 2 5 5 7 2 6 6 0 1
4 1 6 1 7 4 5 2 7 9 3 7 3 1 1 2 6 5 8 3
3 7 5 0 2 6 8 9 5 1 6 5 4 9 0 0 6 9 1 7
9 1 9 5 7 6 5 5 9 8 0 2 8 7 3 1 7 9 1 8
9 5 0 7 5 9 7 3 7 5 0 1 2 3 5 8 5 8 4 6
9 8 1 4 2 3 2 2 6 5 6 2 3 7 6 9 1 8 8 6
8 2 5 6 3 5 9 1 9 0 2 0 6 3 1 6 2 4 1 2
0 2 4 3 0 0 5 4 5 9 1 8 6 6 2 5 0 6 4 4
7 1 4 9 1 8 0 7 6 2 6 2 4 1 8 6 6 2 6 1
0 7 2 0 1 6 2 1 6 4 5 8 7 3 8 0 6 4 0 1
3 5 7 9 2 7 7 3 7 9 3 0 4 3 1 3 2 6 7 0
1 3 5 7 4 7 6 6 7 4 8 7 0 9 1 6 7 8 2 7
4 0 9 3 8 7 6 6 2 1 1 9 9 7 7 1 8 9 6 3
6 0 9 3 9 2 7 6 8 4 4 1 2 0 6 7 4 8 6 2
0 2 2 7 7 8 9 1 6 3 4 9 8 4 7 7 4 0 5 2
```

NUMBERS TO FIND

3226562376	76772659015	4130708999344
93876621199	667512066278	2504774894361
918076262418	8429109135667	21378662411
7082802125721	12285171010	716306569810
8899566108	986710998833	5647432737742

```
6 7 0 9 6 5 8 5 0 8 8 5 5 1 7 9 7 5 7 8
4 8 9 8 9 8 8 7 0 7 7 6 8 3 0 9 2 3 9 6
2 6 6 0 4 0 7 7 9 8 1 4 3 6 1 3 3 3 2 0
5 4 4 1 5 9 8 2 3 7 3 4 9 6 7 7 7 6 7 1
8 8 9 6 4 8 2 4 3 3 1 6 7 7 8 4 7 9 4 9
5 1 3 3 3 9 8 3 3 1 0 9 9 1 2 2 4 5 8 4
2 3 5 4 9 2 5 0 0 8 5 9 5 0 9 2 9 6 7 6
0 9 0 0 5 7 8 3 3 3 0 9 9 4 4 2 6 9 2 4
5 6 9 6 0 2 6 0 6 9 0 0 8 9 4 6 1 7 9 6
4 2 5 9 7 5 0 7 3 1 5 9 1 6 7 8 2 4 8 8
2 7 9 6 0 7 4 4 7 6 7 1 1 9 2 9 5 1 3 4
9 9 5 4 3 4 8 6 7 1 1 1 1 3 9 7 0 8 2 2
3 4 3 2 8 8 7 9 9 2 0 2 3 3 1 0 2 2 8 8
4 0 1 1 5 6 8 4 2 5 2 6 2 4 6 2 0 9 6 4
2 8 7 1 5 5 6 0 8 3 8 9 3 2 3 0 4 9 1 0
4 9 9 3 6 8 5 8 7 1 1 3 8 3 0 7 9 4 7 3
8 2 0 6 4 4 1 5 0 8 1 9 1 4 9 6 4 2 5 1
7 1 3 2 2 5 2 3 9 8 3 8 1 7 4 5 0 0 6 1
0 7 4 0 2 0 1 3 7 6 1 7 8 1 3 8 3 3 4 6
7 1 4 7 6 3 3 1 7 4 8 6 4 3 8 6 2 9 0 9
```

NUMBERS TO FIND

1329877603	89887077683	2803612220603
79009910083	611304824864	3831871673102
833109912245	7155880585690	14763317486
5834520472298	41897704066	781334175494
9627940892	433167784794	4415982373496

PUZZLE #110 | DIFFICULTY: HARD

```
9 2 3 0 7 7 8 5 6 7 1 4 1 6 7 5 4 0 6 6
8 2 2 2 6 6 8 4 4 2 0 9 4 6 6 3 4 4 5 0
8 4 1 4 7 6 5 1 5 4 4 1 8 6 2 1 1 9 7 4
1 2 5 3 6 2 1 3 4 1 8 9 2 2 6 4 1 1 3 1
7 7 7 8 3 4 7 9 1 7 6 5 7 4 3 0 5 3 8 9
6 0 1 1 8 6 9 7 0 5 8 4 1 1 7 5 3 7 4 1
1 6 9 4 5 2 9 8 1 2 8 1 9 3 8 4 5 0 5 8
9 7 8 9 8 7 6 3 9 1 1 8 0 7 9 9 5 9 7 9
8 6 0 5 7 9 2 5 4 1 9 8 2 2 7 8 8 1 1 9
5 7 8 8 1 8 8 3 2 6 8 5 4 5 4 5 4 2 8 9
9 6 6 4 9 2 5 2 7 0 0 8 1 4 5 7 6 0 8 9
3 1 2 6 0 6 5 4 3 6 3 6 2 1 8 9 3 3 4 2
1 6 7 6 2 8 3 5 3 2 9 5 9 8 0 0 6 7 1 9
2 4 9 0 8 3 5 3 5 1 7 2 7 9 4 5 1 5 4 6
9 6 7 5 2 6 4 1 6 3 2 7 0 1 9 5 7 4 9 1
3 2 3 7 1 5 1 0 2 3 7 1 2 2 3 5 8 2 2 5
7 4 8 9 7 2 2 4 4 0 8 3 6 2 7 1 1 9 5 0
4 6 5 3 1 1 1 0 0 0 3 7 7 4 5 0 1 2 6 1
0 4 4 3 6 0 7 6 7 2 7 7 1 7 3 1 7 4 5 3
3 1 8 4 5 3 2 0 0 9 2 5 0 9 9 6 8 5 9 0
```

NUMBERS TO FIND

2999981914	73921395891	1476515441862
64143198967	555097589450	3588522111146
748143562072	5882652035713	30001113564
4586238818875	71510237122	846361781178
8442094663	120375429245	3184532009250

SOLUTION TO PUZZLES

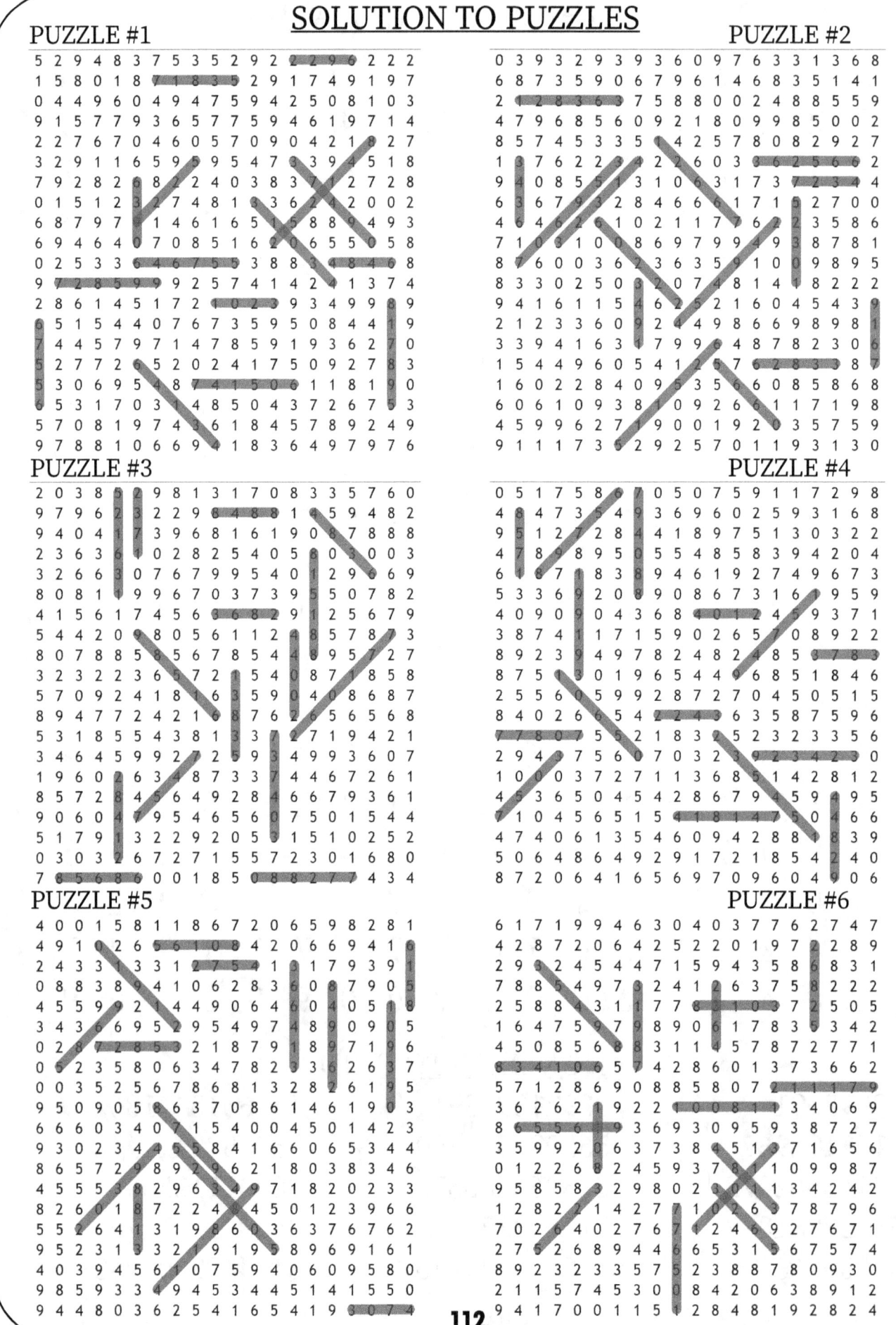

SOLUTION TO PUZZLES

PUZZLE #7

```
3 4 3 3 2 2 2 9 7 2 9 0 0 4 9 5 3 3 8 9
8 8 0 1 6 3 7 0 2 3 2 5 1 8 7 9 4 5 0 8
8 6 4 5 9 2 6 3 9 8 3 3 8 0 8 5 1 5 0 8
6 2 4 4 6 0 0 4 0 8 5 8 2 8 0 5 9 0 5 1
4 5 7 0 4 7 8 4 0 9 6 5 2 8 1 8 3 2 9 9
1 9 9 7 6 8 4 0 3 9 3 9 3 7 5 0 7 5 2 0
0 9 0 6 3 1 7 8 3 3 8 5 3 5 8 2 2 7 0 1
9 2 8 7 4 9 5 4 2 6 0 6 1 2 2 0 7 0 5 2
0 4 6 7 0 7 3 1 6 8 7 0 1 0 0 7 8 5 9
3 9 8 3 4 8 3 7 6 3 9 7 5 4 9 2 8 3 6
2 6 3 6 7 1 7 7 6 3 2 2 6 3 3 0 2 9 5 0
6 1 8 0 2 6 3 0 8 6 8 4 9 1 1 6 2 0 3 4
0 3 3 3 2 5 4 4 9 1 7 0 5 2 6 2 9 0 9 7
0 1 3 4 9 0 9 7 6 0 1 7 6 8 1 0 1 8 4 9
6 5 6 7 2 9 7 1 7 3 8 9 4 2 9 2 6 6 6
3 4 1 7 1 7 2 8 1 6 4 0 6 2 6 3 5 0 0 5
6 4 6 3 5 8 3 9 5 7 2 9 5 5 6 6 3 6 0 0
2 6 3 4 7 6 2 5 8 4 8 2 7 3 4 4 0 1 6 2
6 6 7 5 1 9 6 3 6 2 3 2 5 6 6 3 4 5 0 4
4 5 2 0 5 2 5 7 6 3 7 2 3 6 7 1 0 5 2 0
```

PUZZLE #8

```
5 6 7 5 3 2 4 8 7 3 2 7 2 0 5 0 6 2 5 9
1 7 0 3 6 7 4 3 0 3 5 5 3 7 3 9 6 3 0 1
9 2 2 9 6 4 8 2 5 9 5 9 2 2 0 4 7 8 9 4
3 3 4 3 4 9 0 2 7 2 1 2 5 7 8 0 0 1 7 1
9 5 8 7 4 7 8 1 4 9 2 1 8 5 4 6 9 0 0 7
9 9 0 9 6 6 6 1 1 0 8 7 5 2 8 8 0 2 7 0
5 6 6 6 4 7 2 2 3 9 6 8 8 5 8 6 6 2 7 9
2 3 1 8 7 1 7 6 7 8 2 0 1 6 1 6 2 9 8 2
1 9 3 2 0 2 3 5 9 5 9 5 5 9 5 5 2 0 8
5 2 3 1 2 1 2 0 4 2 8 3 5 7 3 6 3 7 9
1 4 1 3 1 2 6 9 1 7 2 0 5 9 3 6 8 6 8
5 2 2 7 6 0 2 8 5 4 6 1 0 1 7 5 3 1 1 3
3 7 3 9 8 7 3 4 2 9 8 1 4 0 4 9 5 5
5 5 8 1 0 1 8 2 1 2 2 3 9 1 8 1 4 6 6
4 2 3 9 1 6 0 1 1 3 2 0 5 1 5 8 8 8 3
2 7 8 3 2 5 4 4 4 7 8 3 3 1 6 6 1 0 5 2
3 1 8 6 0 2 6 2 2 5 8 4 6 3 8 4 2 0 9 6
7 4 2 3 0 9 0 0 3 0 4 5 9 1 5 5 3 9 9 1
5 4 5 7 9 3 1 4 4 2 9 6 7 4 6 3 0 4 4 9
0 8 0 5 9 9 6 6 8 2 2 9 2 2 6 5 5 7 2 8
```

PUZZLE #9

```
4 9 5 9 8 0 8 3 7 0 0 5 0 9 7 8 8 7 2 1
4 6 4 2 4 3 8 8 2 2 8 5 7 5 8 2 8 0 5 7
1 9 7 8 7 3 8 5 0 3 4 3 5 4 4 8 4 3 3
8 4 9 4 2 7 5 6 3 9 4 5 7 0 8 1 6 3 4 1
2 8 0 5 2 1 0 5 8 1 2 5 9 3 1 3 5 6 3 9
4 8 9 3 2 1 1 7 2 3 1 3 6 3 6 8 5 7 1 3
8 1 4 8 1 4 9 8 3 0 2 1 3 5 5 9 6 8 0
9 3 8 7 1 6 5 9 6 5 2 7 0 0 5 4 6 0 2 5
6 2 4 4 0 9 7 9 5 5 6 2 1 6 8 4 8 2 3 8
5 0 9 2 7 7 6 9 7 4 2 9 1 5 0 5 0 7 5 7
2 6 4 0 6 3 5 5 8 6 6 9 7 5 1 8 2 6 7 0
7 4 4 4 7 3 9 1 5 0 0 8 8 5 1 0 4 5 3 6
5 5 0 7 9 8 3 8 3 5 8 4 7 2 4 9 3 7 0
3 3 2 3 4 8 4 9 6 0 7 1 0 2 7 9 9 9 9 9
0 0 1 0 4 2 1 6 3 4 1 5 8 9 3 6 1 7 3 8
7 4 7 5 8 3 5 5 3 8 1 1 2 0 2 7 7 9 5 3
6 2 4 2 5 1 0 1 9 1 4 6 7 9 3 9 8 8 4 4
6 4 6 9 2 3 1 9 6 8 9 9 9 2 3 1 5 3 3 9
8 1 9 6 6 1 9 1 6 4 5 9 9 7 0 8 7 3 5 4
6 9 3 4 6 2 9 0 5 3 2 6 9 8 9 3 4 5 8
```

PUZZLE #10

```
1 5 4 7 5 8 7 4 1 3 7 2 2 5 5 7 7 2 1 6
4 2 3 6 0 8 7 1 9 0 2 6 1 9 2 0 5 0 8 8
1 1 1 2 7 0 7 0 5 8 4 8 5 1 1 7 0 6 4 6
5 1 3 4 3 3 7 9 2 2 4 9 4 2 1 3 8 6 9
3 9 6 1 8 7 1 9 0 9 3 8 0 1 1 7 1 4 2 4
2 6 7 9 9 1 0 2 1 5 2 7 3 0 5 8 9 4 8 1
4 6 7 3 4 0 6 5 3 0 0 4 6 3 6 0 0 7 6 3
4 1 4 0 4 5 7 7 5 8 4 3 2 8 9 3 8 4 4
9 2 3 8 4 7 4 1 0 9 3 0 6 8 9 4 4 5 2 9
5 5 2 0 1 5 1 7 0 5 4 9 0 7 1 5 8 4 4
6 4 9 3 1 1 0 8 3 1 4 4 8 0 3 8 6 7 5
5 1 8 7 9 1 8 1 4 9 9 4 9 9 5 3 9 0 6
6 1 2 8 7 8 5 0 9 3 1 2 8 5 5 6 8 8 0
6 0 1 1 1 2 4 6 3 1 4 5 7 5 0 0 2 7 1 1
6 8 7 2 9 2 9 5 2 1 1 7 9 8 6 6 4 2 5
2 7 2 8 4 0 3 1 2 7 5 4 3 0 4 8 1 5 4
7 4 5 7 2 2 6 9 6 4 0 7 4 0 6 5 3 4 2
8 5 2 3 4 4 5 9 8 5 3 7 6 9 9 2 6 4 3
4 4 5 2 3 7 4 9 2 9 0 4 2 4 7 4 5 2 0 6
9 5 7 4 8 2 9 0 9 4 0 7 2 8 1 0 5 7 9 7
```

PUZZLE #11

```
4 5 1 8 4 2 2 5 9 1 5 2 8 1 3 1 8 4 2 4
7 8 9 8 0 4 8 6 1 1 1 2 3 9 8 5 6 8 1 8
3 6 4 0 6 3 4 5 8 2 3 9 7 1 7 9 0 1 9 5
0 4 5 3 9 7 4 0 2 1 1 0 2 4 6 9 3 5 8
6 8 6 4 5 4 5 0 1 1 1 0 3 6 0 5 9 2 9 1
6 7 6 5 4 5 3 7 1 4 4 8 9 1 5 1 9 0 2 4 1
6 0 4 3 4 7 5 1 6 3 1 0 3 6 8 7 1 2 4 1
3 6 7 1 5 0 9 0 6 6 7 6 2 6 1 2 1 9 8 4
7 3 7 1 0 9 3 8 2 9 9 0 5 5 9 7 4 6 6
9 0 4 1 7 9 5 3 8 7 4 8 4 3 7 5 4 5 4 5
0 4 5 9 7 5 3 5 5 3 7 5 2 0 0 2 3 1 0
7 2 7 6 0 3 6 8 1 2 7 1 0 6 5 7 1 9 7 7
7 1 9 8 8 5 1 9 6 4 9 8 3 0 6 0 0 1 4 1
4 2 8 6 0 2 6 7 1 6 7 8 7 0 2 7 9 7 9
0 3 5 9 4 2 5 9 0 3 6 6 7 5 5 3 4 5 0
8 5 9 6 0 7 0 6 0 1 7 7 2 3 6 3 7 7 8
5 7 4 7 0 5 9 4 6 9 6 1 4 0 1 8 4 2
8 8 0 4 8 9 5 7 6 6 0 7 5 7 8 1 9
7 0 6 8 1 5 7 0 6 6 4 8 2 1 8 2 0 7
9 5 6 0 5 2 6 5 2 0 4 1 8 8 4 3 7 6
```

PUZZLE #12

```
5 0 4 9 7 6 9 4 7 3 9 4 1 0 5 2 7 8 5 6
9 6 0 5 3 6 6 8 1 5 3 4 3 7 0 4 8 1 8 1
9 9 5 9 8 3 1 2 8 6 0 0 5 5 1 6 2 8 9 0
6 9 7 0 0 8 6 5 6 5 1 5 8 7 0 6 8 4 4 6
5 2 5 7 1 4 5 1 4 5 8 3 2 5 1 2 5 5 0
5 9 0 0 4 9 2 7 3 9 0 4 5 1 3 5 5 4 9
1 7 9 8 7 5 1 8 6 2 9 9 8 5 0 6 3 9 6 2
1 4 0 4 5 4 2 9 3 5 3 9 0 1 3 2 3 2
5 0 5 1 0 6 2 2 4 2 0 0 4 3 3 4 3 6
6 8 0 0 1 6 9 9 1 0 5 5 2 7 9 6 0 9 2
3 2 0 0 7 7 4 3 1 7 6 6 7 1 4 5 7 4 5 5
3 6 1 3 1 4 0 5 4 7 7 0 6 5 0 4 3 5 5 5
1 9 6 3 1 2 7 2 4 4 9 8 5 8 0 0 3 3 0
8 5 6 3 7 7 7 3 7 2 2 3 9 6 1 8 6 7 4
7 0 9 3 8 0 3 7 4 0 6 6 0 8 0 2 5 2 5
0 6 1 2 6 9 6 9 0 5 4 5 5 5 7 5 2 3 2 5
6 6 4 8 1 8 4 3 7 7 9 7 4 5 9 1 2 1 7
5 6 3 8 8 1 8 8 1 6 3 6 5 0 2 1 3 2 6
6 4 4 8 5 7 9 1 5 5 4 6 0 7 9 8 5 8 5 7
6 0 6 2 4 1 1 7 2 0 6 9 0 1 0 0 2 5 1 3 1
```

113

SOLUTION TO PUZZLES

PUZZLE #13

```
2 0 4 5 0 4 4 3 1 8 4 5 2 1 6 0 3 1 0 8
5 1 6 8 8 1 4 6 2 7 0 7 9 7 0 7 3 8 8 0
3 5 8 1 4 1 9 8 1 9 9 5 3 2 6 7 3 5 0
1 3 5 4 5 2 7 8 5 5 7 8 3 0 0 5 4 6 3 8
1 2 2 1 5 4 1 6 4 5 4 9 9 3 2 9 3 7 3
7 8 7 6 3 7 0 2 3 7 2 9 8 0 8 3 3 6 6
2 2 3 6 5 8 1 2 3 1 2 8 7 2 6 3 3 4 9
8 8 8 8 7 0 4 8 7 3 1 2 3 2 1 4 6 0 2
8 7 6 6 4 8 6 3 5 3 3 1 6 9 7 1 6 9 0 3
7 4 1 3 5 6 4 7 5 2 0 4 2 3 5 1 7 1
4 4 7 8 4 2 1 8 9 6 1 6 4 5 2 4 7 1 9 4
1 3 6 8 0 6 8 8 5 2 9 3 8 5 4 9 4 1 2 7
3 4 0 7 0 4 0 2 5 5 9 5 1 0 6 2 5 5 9
7 3 8 9 2 1 7 9 3 6 1 1 1 9 1 3 6 0
8 3 0 9 8 5 7 0 6 1 8 0 2 4 9 4 3 8 4
8 5 8 8 6 6 4 5 9 5 0 2 9 5 9 4 1 4 3
4 3 2 7 9 2 6 6 1 1 4 3 7 9 0 4 1 9 2 2
0 6 2 6 6 5 4 1 3 5 4 4 4 7 6 1 0 7 9 1
7 9 4 6 3 6 3 8 2 3 5 5 0 6 5 7 9 0 8
9 9 5 0 3 8 7 8 6 7 0 7 5 8 6 5 6 7 6 7
```

PUZZLE #14

```
4 0 7 8 2 8 0 5 5 5 4 1 1 8 2 3 4 4 3 0
5 6 0 7 2 2 9 9 3 0 2 9 5 3 7 0 7 3 7 1
9 2 2 6 5 7 0 7 2 3 5 1 0 9 5 0 9 5 4 9 2
0 8 7 5 8 4 3 7 0 3 7 3 8 3 6 3 0 9 8 4 4
7 4 1 5 0 5 8 3 6 2 8 1 2 1 5 1 2 3 4 8
6 2 9 6 2 9 2 1 0 4 9 0 7 2 4 6 9 2 1
5 8 5 0 4 4 2 2 3 1 7 2 3 3 1 6 5 1 2 7
5 6 2 4 8 4 3 5 2 0 3 6 0 9 7 8 7 8 9
0 2 3 7 4 0 6 6 8 1 0 5 5 4 3 5 2 1 6 5
5 5 2 4 6 5 4 5 1 9 3 6 5 3 9 4 8 1 9 7
2 8 1 0 9 0 0 1 8 6 6 5 6 3 6 1 8 3 6 5
3 4 6 1 7 0 8 6 8 4 7 0 3 2 0 0 6 7 0 2
2 3 5 0 3 8 5 0 8 6 3 8 2 3 1 3 4 5 7 4
8 4 8 4 8 7 8 8 0 0 9 4 6 4 1 5 2 4 9 8
0 2 2 1 2 5 8 7 1 3 2 0 4 6 5 0 6 9 7 4
1 8 3 8 8 5 0 8 6 4 3 2 7 8 2 1 6 8 2 3
5 1 7 8 6 6 8 6 0 1 8 3 0 6 3 4 9 9 8
3 8 0 9 3 5 8 9 0 6 2 2 3 9 0 2 6 7 6
0 6 4 9 2 0 9 0 4 6 6 4 5 8 6 0 7 2 1
1 1 9 8 7 7 3 0 0 7 9 1 5 2 3 1 6 2 3 9
```

PUZZLE #15

```
5 5 7 8 8 2 9 9 6 4 5 7 2 0 7 1 3 9 3 1
5 7 7 1 8 9 3 9 5 9 3 2 1 1 2 9 7 0 1 4
9 5 7 1 4 7 4 8 0 9 2 8 7 4 9 1 4 2 0 0
4 7 4 2 0 7 3 4 1 7 3 0 4 3 5 7 4 6 3
8 0 1 7 0 4 2 3 2 5 1 5 1 8 1 3 5 4 0 5
1 8 9 2 1 9 6 2 6 5 1 9 3 4 8 9 7 5 3
7 3 5 8 1 1 2 8 2 2 8 1 2 0 1 4 1 2 7 1
5 9 3 3 3 0 1 3 6 7 0 3 8 8 6 9 8 1 8 8 3
9 0 1 8 5 3 7 1 1 6 7 1 4 0 2 2 4 3 3 4
0 3 3 6 6 4 8 8 9 5 8 2 5 4 6 1 1 9 0 7
6 3 5 5 9 5 8 4 7 4 0 4 6 9 7 5 1 1 7
8 2 1 8 3 4 7 5 4 1 5 5 2 5 1 6 4 6 4
7 6 1 4 3 2 6 8 2 8 5 8 8 1 1 7 1 7 6 4
0 5 3 7 2 1 9 9 8 2 1 3 1 5 0 1 2 8
7 6 8 3 1 5 9 0 6 9 9 2 6 4 4 2 5 3 2
0 5 0 3 1 9 9 4 1 1 7 7 3 7 4 8 1 7 8 3
5 9 3 8 9 9 7 4 5 6 9 0 7 3 8 5 0 2 6 2
8 9 8 3 7 2 4 3 2 3 9 1 9 3 1 1 3 2 0
0 0 9 1 9 0 9 0 1 6 0 0 1 4 4 3 9 7 6 5
2 1 6 1 4 2 2 4 4 0 1 7 2 9 9 4 5 6 8 5
```

PUZZLE #16

```
9 8 8 3 6 1 4 8 2 1 0 8 3 9 7 0 7 8 7 8
8 6 4 1 4 8 1 4 1 9 4 5 2 5 7 6 5 2 5 1
4 5 0 5 0 8 0 4 7 2 8 5 1 0 1 8 5 0 3 2
9 7 3 1 8 5 7 4 1 6 4 4 2 2 9 4 1 4
6 1 0 4 3 0 0 0 3 7 8 5 1 4 7 4 7 8 1 6
7 1 6 3 1 4 6 3 0 7 0 0 4 3 0 7 3 6 6
2 8 3 4 2 7 5 0 0 5 0 2 0 5 0 9 5 4 8
9 8 0 7 7 8 9 7 8 2 0 7 4 6 0 4 4 9 2 3
9 2 5 4 7 6 6 1 0 8 9 4 8 9 4 6 7 6 0
2 4 5 2 5 8 4 5 0 3 5 4 7 8 1 1 5 5 8
1 2 6 7 5 6 6 0 0 7 8 5 2 6 4 6 5 5
7 3 5 0 3 9 2 5 4 4 5 7 3 8 2 6 4 2
1 8 1 3 8 6 5 2 1 7 7 6 6 7 5 5 3 5 1
3 7 2 8 4 8 9 3 3 5 4 3 9 8 2 3 2 1
3 0 8 3 9 6 3 1 5 5 2 9 3 6 8 4 1 1 7
0 9 6 3 1 3 2 8 6 1 0 7 6 2 5 4 6 3 2
4 4 3 2 0 1 5 9 9 2 7 3 0 7 3 1 4 7 9
5 2 3 5 6 6 4 0 0 9 2 1 8 2 9 3 9 0 4 3
8 7 4 5 8 7 0 5 3 1 2 9 8 6 1 9 0 3 7 2
5 5 2 1 4 2 7 6 4 6 1 2 6 0 7 5 4 9 1
```

PUZZLE #17

```
8 0 7 6 8 8 4 5 8 2 8 9 9 3 1 3 8 7 9 8
2 3 9 7 8 1 4 4 2 9 7 8 1 5 3 2 4 4 5 4
3 8 9 6 9 2 6 5 5 2 6 7 7 2 5 3 3 2 6 2
9 3 8 0 2 3 3 8 0 1 2 6 1 1 1 6 2 2 0 2
4 3 7 0 3 7 3 6 0 8 3 4 9 3 5 8 8 9 2
4 2 6 6 0 6 3 1 4 8 3 1 1 9 3 8 5 4 4
5 4 5 8 0 7 5 9 5 2 4 8 4 8 1 1 8 7 4 1 7
7 2 5 0 9 5 2 6 2 4 8 4 8 1 1 8 7 4 1 7
4 0 0 2 3 0 3 8 7 7 5 3 9 6 4 2 6 6 0 5
3 8 0 7 2 4 7 3 2 1 2 0 7 3 8 0 6 3 6 8
0 9 3 4 9 0 3 6 9 6 7 3 2 9 1 4 3 3 6 1
1 9 1 6 2 6 8 8 2 4 2 5 0 5 0 9 3 5
3 7 9 0 8 5 9 1 4 4 6 1 0 5 6 7 8 9 4 1
7 5 5 2 3 4 3 9 9 3 0 7 8 7 6 4 3 4 5 3
7 2 4 3 1 5 6 7 7 6 8 1 3 5 3 2 4 7 6
2 7 8 3 2 3 4 3 1 1 3 1 2 9 1 2 0 4 8
1 2 5 7 9 2 7 5 0 8 1 0 6 9 2 6 3 8 9 9
8 7 8 6 4 6 3 2 6 0 3 5 5 4 8 0 0 4 4 8
1 7 3 6 0 2 6 7 8 0 8 3 2 0 5 5 7 4 1 7
9 6 8 5 5 1 7 9 4 6 7 4 2 7 3 4 1 6 8 0
```

PUZZLE #18

```
9 5 4 7 2 4 8 0 5 9 3 8 1 6 6 4 0 7 1 8
1 3 0 8 8 3 0 7 6 9 9 4 6 5 3 6 6 4
6 2 5 0 7 3 6 0 5 2 0 0 2 9 2 0 2 0 4 5
2 0 4 6 7 6 8 0 6 5 8 4 5 5 3 7 7 4
7 9 5 7 9 1 2 7 0 4 1 3 6 9 2 9 1 4 8 2
0 2 7 6 7 2 0 5 1 9 0 9 0 1 5 2 3 3 2 7
0 2 4 9 7 1 1 6 2 1 3 0 7 8 2 6 9 0 9 6
6 3 1 2 2 8 6 1 3 8 7 9 7 9 8 8 4 1 0 2
2 4 4 4 7 7 9 0 6 9 9 1 7 3 0 3 6 4 9 1
1 3 0 1 3 7 3 2 0 4 1 7 9 3 2 7 9 3 6 8
8 7 5 5 9 3 1 7 9 7 0 6 8 7 3 6 6 7 6 4
1 4 0 2 5 8 4 0 4 5 4 5 0 1 0 4 8 1 0 6
4 1 5 2 2 6 5 5 7 4 5 1 3 3 0 9 5 3 8 5
1 1 4 7 9 7 4 8 8 3 1 8 6 2 7 8 1 2 4 1
2 4 4 7 4 1 1 5 4 8 5 6 6 3 5 5 8 8 2 7
7 4 9 7 4 7 5 7 8 0 1 6 8 4 3 2 3 5 6 3
2 6 5 5 8 5 3 0 3 7 5 5 1 2 9 2 8 2 7
9 4 9 8 1 0 4 4 3 9 6 2 3 9 3 1 3 7 6 0
8 7 1 7 0 9 0 5 7 9 4 3 5 2 7 2 6 9 0 6
6 3 6 2 6 2 0 4 8 2 8 1 4 3 5 5 3 3 1 2
```

SOLUTION TO PUZZLES

PUZZLE #19

```
2 3 4 8 4 9 8 4 7 0 5 7 4 7 1 9 1 7 2 4
4 9 4 2 5 0 8 4 9 7 5 7 4 2 6 6 2 2 7 5
5 6 1 2 4 8 5 4 4 1 3 5 5 3 8 4 2 1 3 9
6 2 9 6 0 4 7 9 9 3 2 3 9 7 8 8 1 2 8 6
1 5 4 4 1 2 1 6 7 3 6 9 1 7 6 7 1 1 3 3
9 0 2 7 3 9 9 8 4 8 1 1 3 1 4 4 6 8 5 9
7 8 7 8 4 7 1 5 4 4 7 0 8 0 9 9 2 6 1 4
8 5 7 5 5 9 3 9 8 7 9 1 4 9 4 0 7 7 6 7
1 6 7 7 9 7 0 3 9 4 0 0 9 0 5 5 2 3 1 9
4 1 5 6 8 2 6 2 6 9 2 6 6 5 6 4 4 5 0 6 1
5 7 7 2 4 5 0 2 8 7 2 4 3 9 2 6 5 0 7 4
6 6 3 1 3 0 0 0 8 6 2 0 6 5 4 0 3 6 1 9
8 1 7 6 6 7 5 8 6 7 1 5 0 1 2 4 0 2 4 7
0 7 4 5 2 2 7 9 4 9 3 6 4 8 1 2 2 4 5 7
5 2 0 4 0 7 4 7 5 3 2 3 4 0 6 6 2 3 6 9
5 5 5 3 0 7 6 3 6 1 5 4 6 9 0 0 5 0 4 2 9
0 7 8 5 0 2 6 9 2 7 8 3 0 5 4 5 3 8 7 4
0 6 1 8 8 0 9 9 8 5 7 0 0 3 4 1 2 4 9 1
0 6 1 2 8 6 1 6 4 9 8 2 3 5 1 5 7 5 0
4 7 2 3 5 3 7 5 1 1 6 4 4 6 1 8 1 9 8 0
```

PUZZLE #20

```
4 8 4 9 9 6 6 2 7 8 4 8 0 8 3 7 1 5 5 4
8 3 8 1 9 9 3 3 4 9 9 1 2 0 9 1 6 5 9 3
9 9 7 8 5 3 6 7 9 7 0 1 1 6 6 4 9 9 2 2
2 1 0 0 3 3 8 3 7 2 0 6 4 3 9 9 9 9 9 4
4 8 4 3 3 9 2 7 5 0 3 3 4 4 4 2 7 5 5 5
3 9 4 9 9 0 7 2 1 6 7 3 2 1 2 4 8 9 8 8
8 9 1 7 8 7 7 2 4 3 5 3 2 8 3 8 3 8 0
8 4 7 0 8 3 5 3 1 7 5 7 5 3 7 5 9 8 9 1
9 9 5 9 5 8 8 9 8 5 9 3 7 1 9 9 4 3 2 8
8 3 1 7 8 5 6 8 2 5 5 5 6 0 4 9 5 6 9
2 5 2 7 0 9 6 8 0 8 8 1 3 0 7 7 9 5 1
6 7 7 8 7 9 0 0 0 5 1 5 7 6 8 0 6 7 5 1 5
1 9 2 4 8 6 5 5 2 2 3 3 1 7 4 7 8 3 4
2 0 7 5 2 7 0 2 4 7 5 4 9 7 7 4 1 8 7
2 7 5 0 8 9 3 7 2 1 0 1 3 0 1 6 7 9 8 5
1 8 5 2 9 4 8 7 1 3 8 8 0 1 1 4 2 6 1
3 9 8 9 7 2 9 4 3 0 9 1 1 3 4 3 3 3 9 1
6 8 5 0 0 1 3 5 1 1 9 0 4 6 8 5 8 6 4 4
1 3 3 3 1 9 5 3 0 7 0 8 4 1 7 5 9 2 1 2
8 6 8 3 5 0 9 5 3 2 1 3 3 5 2 0 6 5 9 5
```

PUZZLE #21

```
0 4 5 3 9 1 6 3 1 8 3 0 2 4 6 3 7 9 0 5
9 9 3 3 2 9 6 0 7 3 3 8 4 4 7 5 3 7 8
4 9 4 2 7 7 0 9 5 3 6 5 7 2 3 4 9 4 2 9
9 6 6 4 9 4 7 4 1 6 7 1 7 5 4 5 1 7
8 8 5 2 0 5 0 8 2 9 4 0 0 0 8 3 1 6 8 2
8 1 7 1 5 5 1 4 1 5 0 3 0 7 0 5 1 2 8
7 2 4 5 6 7 2 5 8 8 9 1 9 1 2 3 1 6 4
8 2 8 4 7 7 3 7 8 9 1 6 0 2 1 7 5 7 3 5
6 1 5 7 7 7 9 4 9 9 2 3 4 6 7 7 2 5
8 8 9 8 7 4 6 6 1 1 0 3 1 4 5 5 4 4 4 5
6 1 7 6 5 8 0 4 6 2 6 5 8 8 2 5 7 4 5 4
2 5 1 8 5 1 9 2 2 6 4 5 7 9 3 7 6 9 5 2
9 7 6 9 0 7 4 6 5 8 6 7 2 8 3 2 2 8 8
9 7 8 4 9 8 3 9 3 4 0 4 3 4 6 0 6 2 7 7
4 5 9 5 2 3 8 0 9 6 9 8 9 4 7 0 2 0 1 6
9 3 6 3 8 3 1 9 9 7 2 1 1 0 8 9 9 3 6
2 8 8 8 6 7 2 0 2 7 3 2 3 7 3 4 6 8 4
1 6 1 7 0 3 8 0 3 4 5 0 1 0 0 1 1 4 5
3 4 0 6 1 6 0 0 2 8 6 2 0 3 0 8 3 5 1 1
4 7 8 4 5 7 6 5 0 0 7 1 5 3 5 5 8 3 0 0
```

PUZZLE #22

```
3 8 1 0 6 9 2 7 4 0 0 7 6 0 4 7 5 2 7 2
5 3 8 8 7 1 8 5 6 6 3 9 3 5 1 3 6 1
3 7 4 1 2 4 1 2 0 8 2 6 7 0 5 8 3 8 6
6 0 5 2 4 0 4 5 7 9 4 3 4 2 7 5 9 8 9 8
9 5 5 1 6 6 2 3 9 5 3 0 1 9 6 0 0 1 7
2 7 3 8 7 1 5 3 3 3 8 7 0 1 3 5 1 9 2
0 1 6 4 6 7 1 8 7 9 1 9 7 8 2 1 7 7 3 2
0 8 0 3 4 2 4 5 5 5 6 5 7 3 2 8 7 3 9
7 2 3 0 5 0 6 5 2 0 4 8 6 4 2 8 3 3 1 7
7 4 2 7 6 0 1 3 1 5 8 1 7 8 0 9 1 6 0
7 0 6 3 2 0 6 6 3 3 6 8 4 2 4 1 3 3 0 3 4
2 3 5 3 5 1 8 6 2 8 1 1 0 3 4 4 1 4
0 0 7 5 1 6 1 0 6 0 0 0 9 6 3 1 7 3 7
8 9 5 7 9 1 6 6 4 0 8 1 1 9 6 1 4 9 5
8 6 8 5 4 5 4 6 0 6 7 4 9 8 2 2 7 5
6 7 4 7 9 1 5 1 0 4 9 0 4 6 4 4 8 9 5
8 8 8 1 6 6 9 6 5 0 4 3 6 3 8 7 6 7
3 1 0 2 7 6 5 7 0 3 0 8 1 5 6 9 1
7 7 9 8 4 5 4 9 8 3 5 8 6 3 2 7 6 7 8 4
3 8 2 1 2 7 9 5 3 8 1 3 4 6 2 8 7 8 4 4
```

PUZZLE #23

```
2 1 0 7 1 3 0 9 1 3 8 4 5 5 0 6 9 8
3 9 2 6 2 5 6 7 0 5 1 1 5 0 3 3 2 8
6 1 1 6 5 3 3 1 8 5 0 8 1 8 8 9 1 0
9 8 4 2 7 0 8 2 4 5 0 9 2 3 7 4 7 3 3
7 5 3 0 9 1 9 8 4 7 8 8 2 3 3 3 3 5 3
0 0 2 2 5 8 8 8 3 0 8 8 3 3 4 9 2 6 5
9 1 6 7 2 9 9 8 0 0 6 6 2 2 3 1 1 4
8 2 1 5 9 6 3 4 7 1 7 9 1 8 2 3 4 7 0
6 7 1 7 1 5 7 3 0 6 3 9 2 0 7 4 7 9
3 0 4 6 3 3 5 4 2 6 9 3 1 2 7 3 8 8 1 8
9 0 9 1 4 3 1 9 7 2 2 8 0 6 4 4 0 7
8 1 1 6 8 2 6 2 0 5 3 4 1 1 4 1 5 6
2 8 3 8 6 1 6 1 3 8 9 4 9 3 3 7 7 3 3 8
3 9 5 3 6 5 9 2 3 5 4 8 4 0 7 5 6 1 6
2 6 8 2 1 1 6 4 5 1 1 7 9 1 1 2 4 2 1
8 6 5 5 8 5 5 6 1 8 7 7 1 8 0 4 6 0 5
2 1 6 0 4 8 5 2 7 4 1 0 8 7 2 6 7 5
5 7 0 4 6 1 7 4 8 1 7 4 6 6 6 5 6 9
6 1 3 3 7 6 6 6 3 9 5 8 3 6 1 1 5 8 7
0 1 5 9 6 6 0 0 2 7 0 5 0 6 1 2 1 0 1
```

PUZZLE #24

```
0 5 3 5 3 2 7 0 9 6 0 7 9 3 7 7 6 7 5
4 7 9 7 4 6 7 2 2 4 2 0 2 4 3 5 6 4 2
2 6 9 7 5 0 2 2 4 7 5 5 0 7 8 3 5 0 4
7 0 4 9 9 7 2 9 1 8 7 0 8 0 9 8 1 0 4
9 7 3 0 0 4 7 5 5 4 2 4 4 1 8 2 2 9
1 4 7 7 1 7 3 1 7 9 1 7 1 8 3 5 6 6 3 2
3 2 7 5 2 1 7 1 4 2 4 0 2 0 9 7 6 0
0 9 6 7 0 5 6 1 5 7 6 0 9 1 8 7 9 6 2
8 7 5 5 8 5 9 2 2 3 8 9 1 7 6 4 1 9 2
3 8 4 4 4 1 8 2 8 6 4 8 9 7 4 4 7
3 5 3 1 3 8 2 7 7 7 0 0 2 4 5 1 3 9
7 0 6 4 7 1 6 6 7 2 7 1 6 7 5 3 9 4 5
9 9 8 0 7 4 9 3 4 9 0 1 2 8 3 3 0
9 1 6 8 1 8 4 1 0 1 5 2 6 4 0 8 7 8
1 3 5 1 4 9 9 3 7 7 9 0 9 2 1 7 9
2 3 6 5 4 8 4 1 6 5 5 7 6 6 4 1 7 0
8 8 8 1 8 3 7 4 0 3 7 5 8 9 5 9 4 6
2 0 5 8 3 2 2 2 0 0 2 5 6 5 4
4 1 3 8 2 3 8 8 4 7 6 4 6 2 8 0 6 5
5 6 1 5 6 8 2 2 3 0 2 4 6 6 4 9 4 7 5 3
```

115

SOLUTION TO PUZZLES

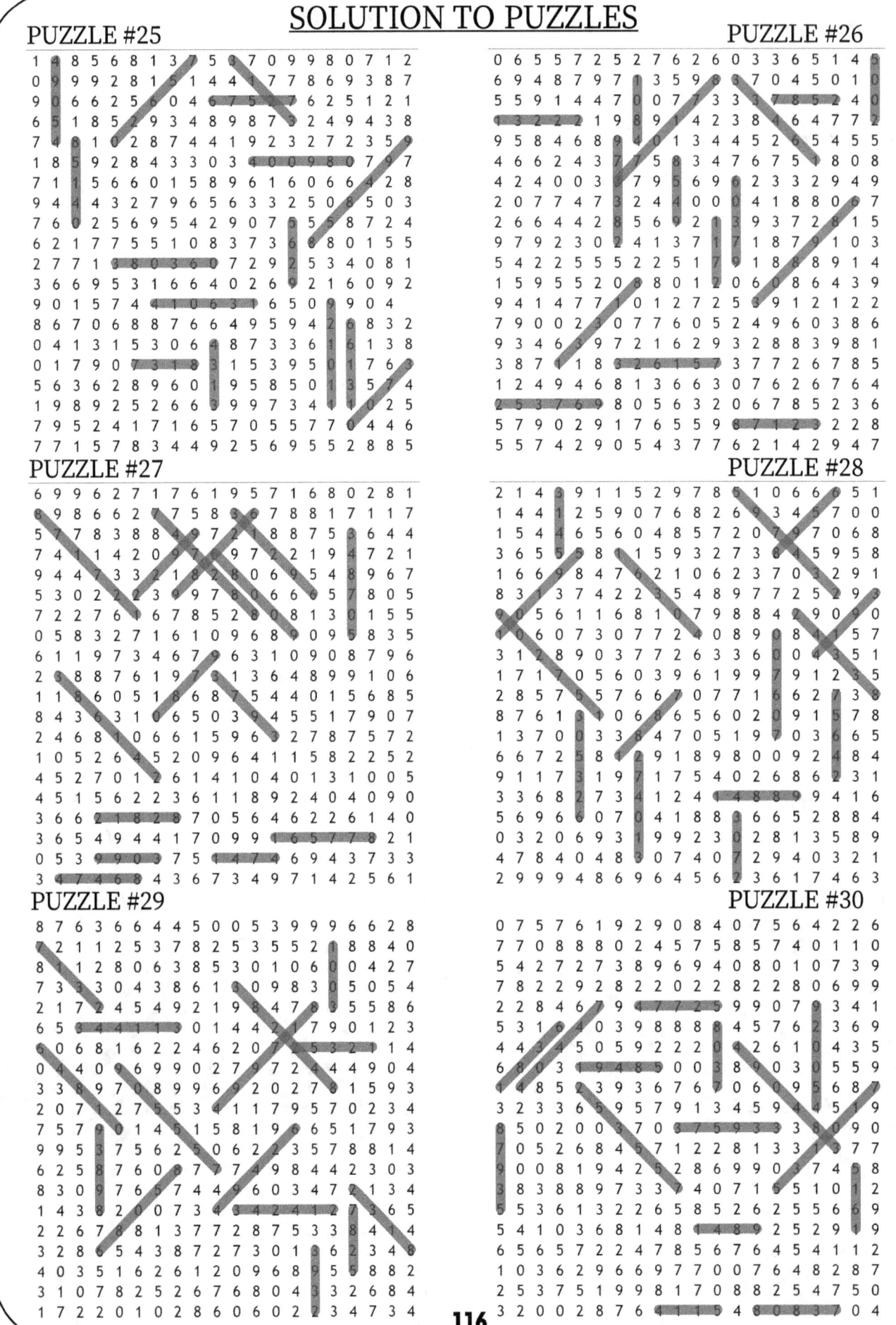

PUZZLE #25

```
1 4 8 5 6 8 1 3 7 5 5 7 0 9 9 8 0 7 1 2
0 9 9 9 2 8 1 3 1 4 4 1 7 7 8 6 9 3 8 7
9 0 6 6 2 5 0 4 6 7 5 7 7 6 2 5 1 2 1
6 5 1 8 5 2 9 3 4 8 9 8 7 3 2 4 4 3 8
7 4 8 1 0 2 8 4 4 1 9 2 3 2 7 2 3 5 9
1 8 5 9 2 8 4 3 3 0 3 4 0 0 9 8 0 7 9 7
7 1 1 5 6 6 0 1 5 8 9 6 1 6 0 6 6 4 2 8
9 4 4 4 3 2 7 9 6 5 6 3 3 2 5 0 5 0 3
7 6 0 2 5 6 9 5 4 2 9 0 7 5 5 5 8 7 2 4
6 2 1 7 7 5 5 1 0 8 3 7 3 8 8 0 1 5 5
2 7 7 1 3 8 0 3 6 0 7 2 9 2 5 3 4 0 8 1
3 6 6 9 5 3 1 6 6 4 0 2 6 9 2 1 6 0 9 2
9 0 1 5 7 4 4 1 0 6 3 1 6 5 0 9 9 0 4
8 6 7 0 6 8 8 7 6 6 4 9 5 9 4 2 8 3 2
0 4 1 3 1 5 3 0 6 4 8 7 3 3 6 1 6 1 3 8
0 1 7 9 0 7 3 1 3 1 5 3 9 5 0 1 7 6 3
5 6 3 6 2 8 9 6 0 1 9 5 8 5 0 1 3 5 7 4
1 9 8 9 2 5 2 6 6 3 9 9 7 3 4 1 0 2 5
7 9 5 2 4 1 7 1 6 5 7 0 5 5 7 7 0 4 4 6
7 7 1 5 7 8 3 4 4 9 2 5 6 9 5 5 2 8 8 5
```

PUZZLE #26

```
0 6 5 5 7 2 5 2 7 6 2 6 0 3 3 6 5 1 4 5
6 9 4 8 7 9 7 1 3 5 9 8 3 7 0 4 5 0 1 0
5 5 9 1 4 4 7 0 0 7 3 3 3 7 8 5 2 4 0
1 3 2 2 1 9 8 9 1 4 2 3 8 4 6 4 7 7 2
9 5 8 4 6 8 9 4 0 1 3 4 4 5 2 5 6 4 5 5
4 6 6 2 4 3 7 7 5 8 3 4 7 6 7 5 1 8 0 8
4 2 4 0 0 3 7 9 5 6 9 6 2 3 3 2 9 4 9
2 0 7 7 4 7 7 3 2 4 0 0 0 4 1 8 8 0 6 7
2 6 6 4 4 2 8 5 6 2 1 0 9 3 7 2 8 1 5
9 7 9 2 3 0 2 4 1 3 7 1 7 1 8 7 1 0 3
5 4 2 2 5 5 5 2 2 5 1 7 9 1 8 8 9 1 4
1 5 9 5 5 2 0 8 0 1 2 0 6 0 8 6 4 3 9
9 4 1 4 7 7 1 0 1 2 7 2 5 3 9 1 2 1 2 2
7 9 0 2 3 0 7 7 6 0 5 2 4 9 6 0 3 8 6
9 3 4 6 3 9 7 2 1 6 2 9 3 2 8 8 3 9 8 1
3 8 7 1 8 3 2 6 1 5 7 3 7 7 2 6 7 8 5
1 2 4 9 4 6 8 1 3 6 6 3 0 7 6 2 6 7 6 4
2 5 3 7 6 9 8 0 5 6 3 2 0 6 7 8 5 2 3 6
5 7 9 0 2 9 1 7 6 5 5 9 8 7 1 2 2 2 8
5 5 7 4 2 9 0 5 4 3 7 7 6 2 1 4 2 9 4 7
```

PUZZLE #27

```
6 9 9 6 2 7 1 7 6 1 9 5 7 1 6 8 0 2 8 1
8 9 8 6 6 2 7 7 5 8 5 6 7 8 8 1 7 1 1 7
5 7 7 8 3 8 8 4 7 2 7 1 8 8 7 5 3 6 4 4
7 4 1 1 4 2 0 9 7 2 2 1 9 4 7 2 1
9 4 4 7 3 3 2 3 9 9 7 8 0 6 6 6 5 7 8 0 5
5 3 0 2 2 2 3 9 7 8 0 6 6 6 5 7 8 0 5
7 2 2 7 6 1 6 7 8 5 2 8 0 8 1 3 0 1 5 5
0 5 8 3 2 7 1 6 1 0 9 6 8 0 9 5 8 3 5
6 1 1 9 7 3 4 6 7 9 6 3 1 0 9 0 8 7 9 6
2 3 8 8 7 6 1 9 7 3 1 3 6 4 8 9 9 1 0 6
1 1 8 6 0 5 1 8 6 8 7 5 4 4 0 1 5 6 8 5
8 4 3 6 3 1 0 5 0 3 9 4 5 5 1 7 9 0 7
2 4 6 8 1 0 6 6 1 5 9 6 2 7 8 7 5 7 2
1 0 5 2 6 4 5 2 0 9 6 4 1 1 5 8 2 2 5 2
4 5 2 7 0 1 2 6 1 4 1 0 4 0 1 3 1 0 0 5
4 5 1 5 6 2 2 3 6 1 1 8 2 4 0 4 0 9 0
3 6 6 2 1 8 2 8 7 0 5 6 4 6 2 6 1 4 0
3 6 5 3 4 9 4 4 1 7 0 9 9 1 6 5 7 7 8 2 1
0 5 3 9 9 0 3 7 5 1 4 7 4 6 9 4 3 7 3 3
3 4 7 4 6 8 4 3 6 7 3 4 9 7 1 4 2 5 6 1
```

PUZZLE #28

```
2 1 4 9 1 1 5 2 9 7 8 5 1 0 6 6 6 5 1
1 4 4 1 2 5 9 0 7 6 8 2 6 9 3 4 5 7 0 0
1 5 4 6 5 6 0 4 8 5 7 2 0 7 7 0 6 8
3 6 5 5 8 1 5 9 3 2 7 3 8 4 5 9 5 8
1 6 6 9 8 4 7 6 2 1 0 6 2 3 7 0 3 9 1
8 3 1 3 7 4 2 2 5 4 8 9 7 2 5 2 9 3
9 0 5 6 1 1 6 8 1 0 7 9 8 8 4 2 9 0 9 0
1 0 6 0 7 3 0 7 7 2 0 8 9 0 8 4 1 5 7
3 1 2 8 9 0 3 7 2 6 3 3 6 0 0 4 3 5 1
1 7 1 7 6 6 5 0 3 9 6 1 9 9 7 9 1 2 3 5
2 8 5 7 6 6 4 6 7 0 7 7 1 6 2 7 3 8
8 7 6 1 8 1 0 6 8 6 5 6 0 2 0 9 1 5 7 8
1 3 7 0 0 3 3 8 4 7 0 5 1 9 7 0 3 6 6 5
6 6 7 2 5 8 1 2 9 1 8 9 8 0 0 9 2 4 8 4
9 1 1 7 3 1 9 7 1 7 5 4 0 2 6 8 6 2 3 1
3 3 6 8 2 7 3 4 1 2 4 1 4 8 8 9 9 4 1 6
5 6 9 6 6 0 7 0 4 1 8 8 6 6 5 2 8 8 4
0 3 2 0 6 9 3 1 9 9 2 3 0 2 8 1 3 5 8 9
4 7 8 4 0 4 8 3 0 7 4 0 7 2 9 4 0 3 2 1
2 9 9 9 4 8 6 9 6 4 5 6 2 3 6 1 7 4 6 3
```

PUZZLE #29

```
8 7 6 3 6 6 4 4 5 0 0 5 3 9 9 9 6 6 2 8
7 2 1 1 2 5 3 7 8 2 5 3 5 5 2 8 8 4 0
8 1 1 2 8 0 6 3 8 5 3 0 1 0 6 0 0 4 2 7
7 3 3 3 0 4 3 8 6 1 8 0 9 8 3 0 5 0 5 4
2 1 7 4 5 4 9 2 1 9 4 7 8 3 5 5 8 6
6 5 3 4 4 1 1 3 0 1 4 4 2 1 7 9 0 1 2 3
6 0 6 8 1 6 2 6 4 6 2 0 7 2 5 3 1 1 4
0 4 4 0 6 9 9 0 2 7 9 7 2 4 4 4 9 0 4
3 3 3 8 9 7 0 8 9 9 6 9 2 0 2 1 1 7 2 6 8
2 0 7 1 2 7 5 5 3 4 1 1 1 9 6 5 1 7 9 3
7 5 7 5 0 1 4 5 1 5 5 1 8 6 1 5 1 7 9 3
9 9 5 3 7 5 6 2 5 0 6 2 2 3 5 7 8 8 1 4
6 2 5 6 7 6 0 8 7 7 7 4 9 8 4 4 2 3 0 3
8 3 0 9 8 7 4 7 4 4 9 6 0 3 4 7 2 1 3 4
1 4 3 8 2 0 7 3 4 4 2 4 1 2 7 3 6 5
2 2 6 7 8 1 3 7 7 2 8 7 5 5 3 3 8 4 4 7
3 2 8 6 5 4 3 8 7 2 7 3 0 1 6 2 3 4 8
4 0 3 5 1 6 2 6 1 2 0 9 6 8 9 5 8 8 2
3 1 0 7 8 2 5 2 6 7 6 8 0 4 3 2 6 8 4
1 7 2 2 0 1 0 2 8 6 0 6 0 0 2 3 4 7 3 4
```

PUZZLE #30

```
0 7 5 7 6 1 9 2 9 0 8 4 0 7 5 6 4 2 2 6
7 7 0 8 8 8 0 2 4 5 7 5 8 5 7 4 0 1 1 0
5 4 2 7 2 7 3 8 9 6 9 4 0 8 0 1 0 7 3 9
7 8 2 2 9 2 8 2 2 0 2 2 8 2 2 8 0 6 9 9
2 2 8 4 6 7 9 4 7 7 2 5 9 9 0 7 9 3 4 1
5 3 1 6 4 0 3 9 8 8 8 4 5 7 2 6 3 3
4 4 3 4 5 0 5 9 2 2 2 0 4 2 6 1 0 4 3 5
6 6 3 1 9 4 8 5 0 0 3 8 9 0 3 0 5 5 9
1 4 8 5 2 9 3 6 7 6 7 0 6 0 9 6 3 6 7
3 2 3 3 6 5 9 5 7 9 1 3 4 5 9 4 5 9
8 5 0 2 0 0 3 7 0 3 7 5 9 3 3 8 0 9 0
7 0 5 2 6 8 4 6 7 1 2 2 8 1 3 3 1 3 9 7
9 0 0 8 1 9 4 2 5 2 8 6 9 9 0 3 7 4 5 8
3 8 3 8 8 9 7 3 3 7 4 0 7 1 5 1 0 1 2
5 5 3 6 1 3 2 2 6 5 8 5 2 6 5 2 6 5 6 9
5 4 1 0 3 6 8 1 4 8 1 4 8 9 2 5 2 9 1 9
6 5 6 5 7 2 2 4 7 8 5 6 7 6 4 5 4 1 1 2
1 0 3 6 2 9 6 6 9 7 7 0 0 7 6 4 8 2 8 7
2 5 3 7 5 1 9 9 8 1 7 0 8 8 2 5 4 7 5 0
3 2 0 2 2 8 7 6 4 1 1 5 4 8 0 8 3 7 0 4
```

SOLUTION TO PUZZLES

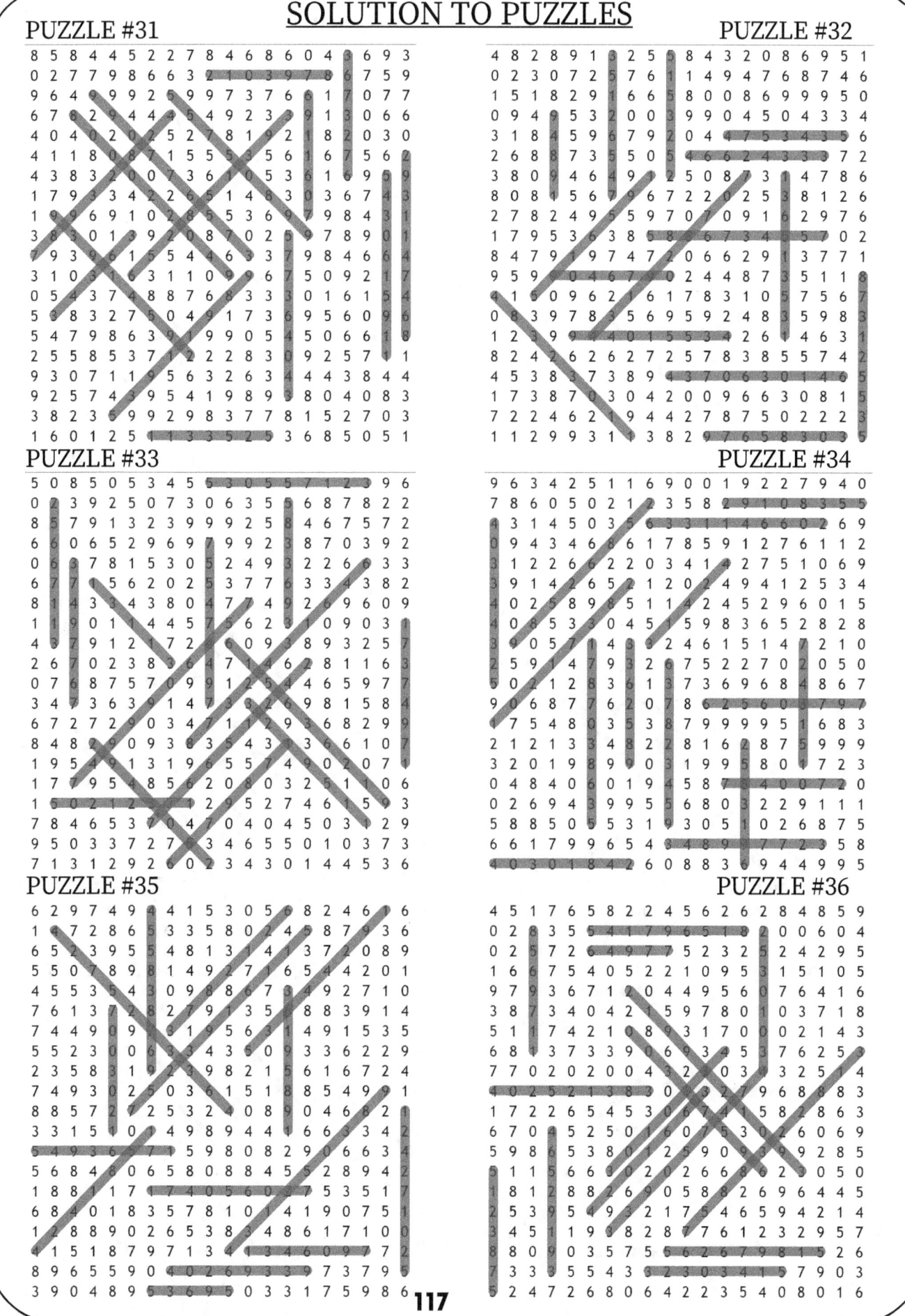

PUZZLE #31

PUZZLE #32

PUZZLE #33

PUZZLE #34

PUZZLE #35

PUZZLE #36

117

SOLUTION TO PUZZLES

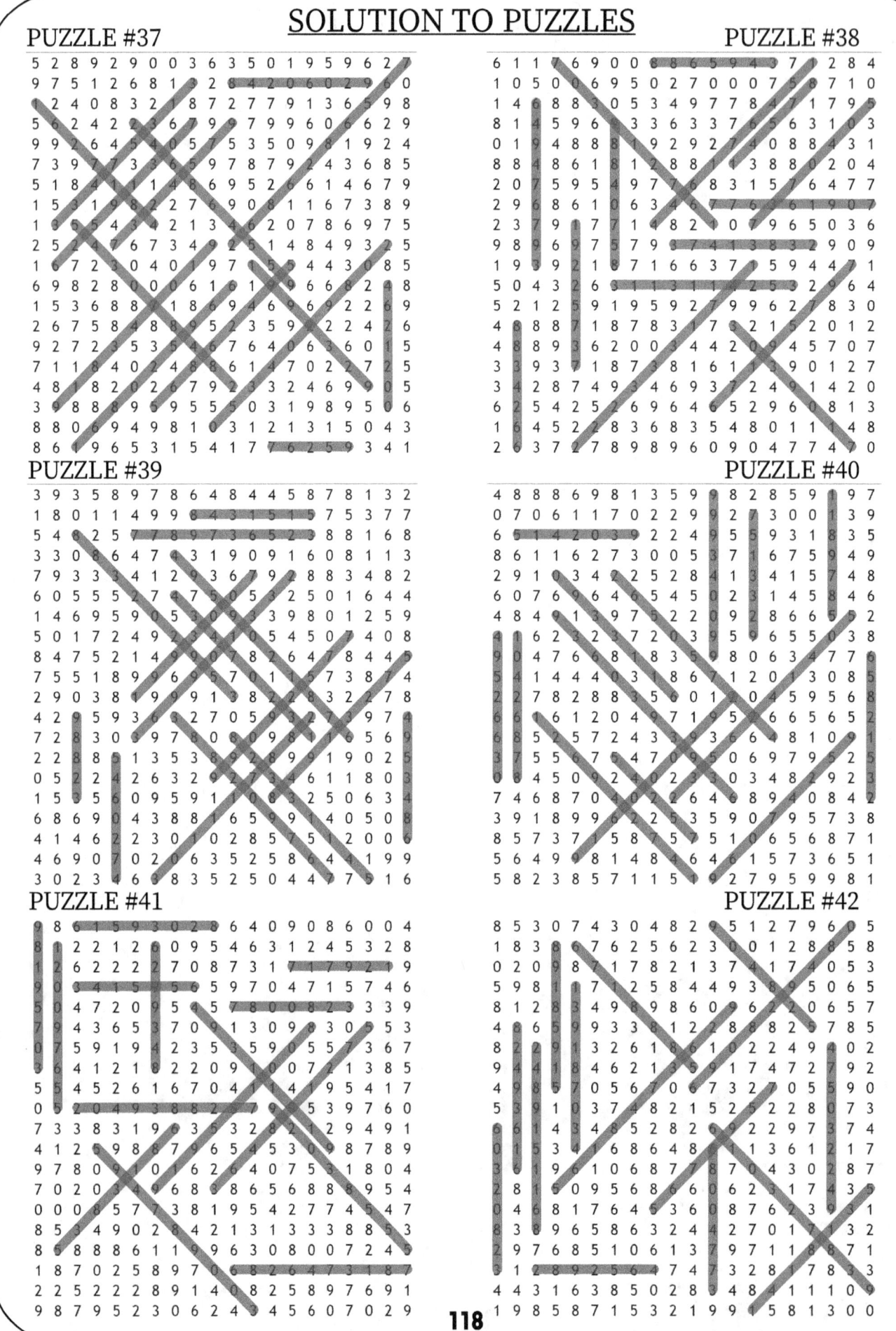

PUZZLE #37

PUZZLE #38

PUZZLE #39

PUZZLE #40

PUZZLE #41

PUZZLE #42

SOLUTION TO PUZZLES

PUZZLE #43

PUZZLE #44

PUZZLE #45

PUZZLE #46

PUZZLE #47

PUZZLE #48

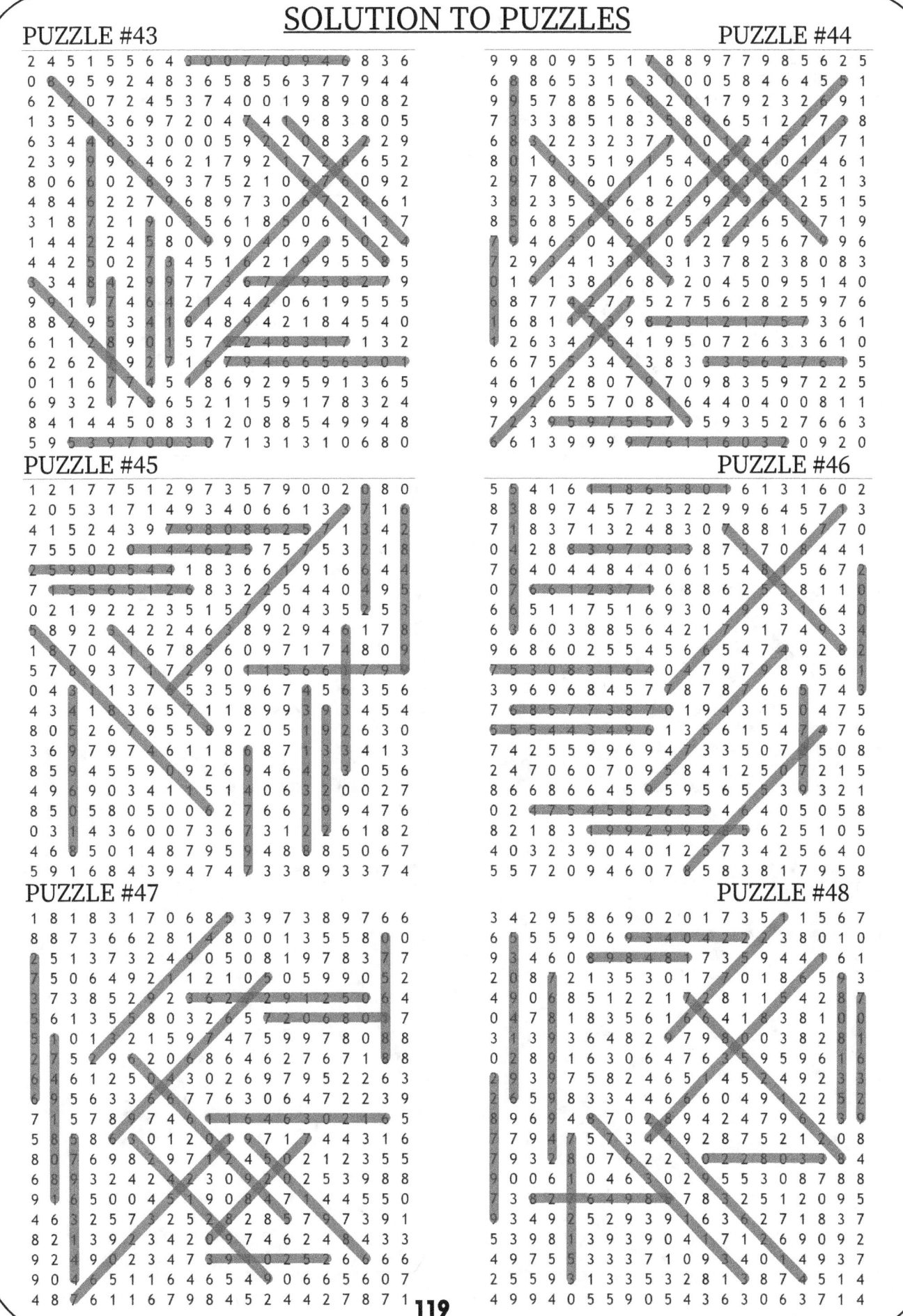

SOLUTION TO PUZZLES

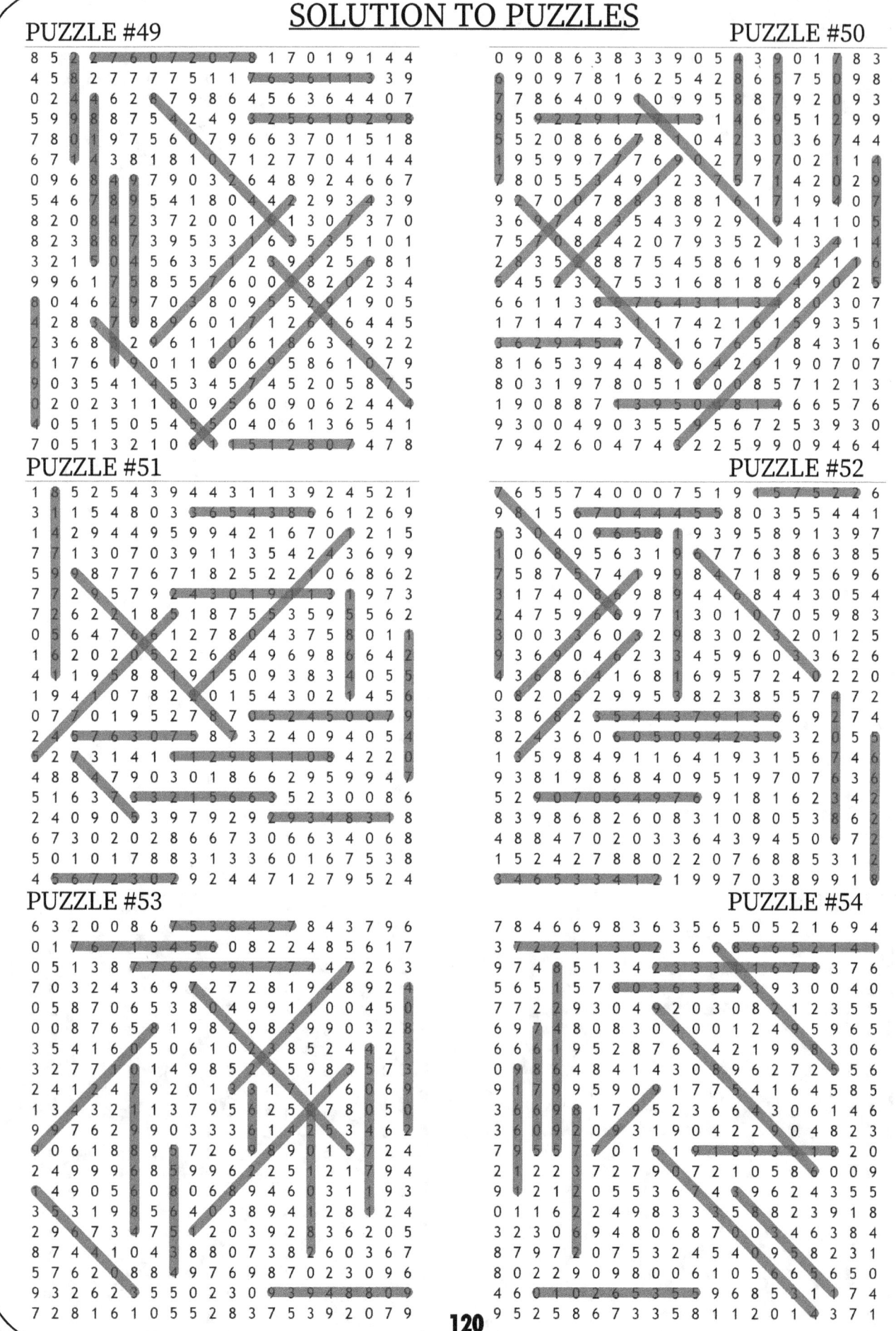

PUZZLE #49

PUZZLE #50

PUZZLE #51

PUZZLE #52

PUZZLE #53

PUZZLE #54

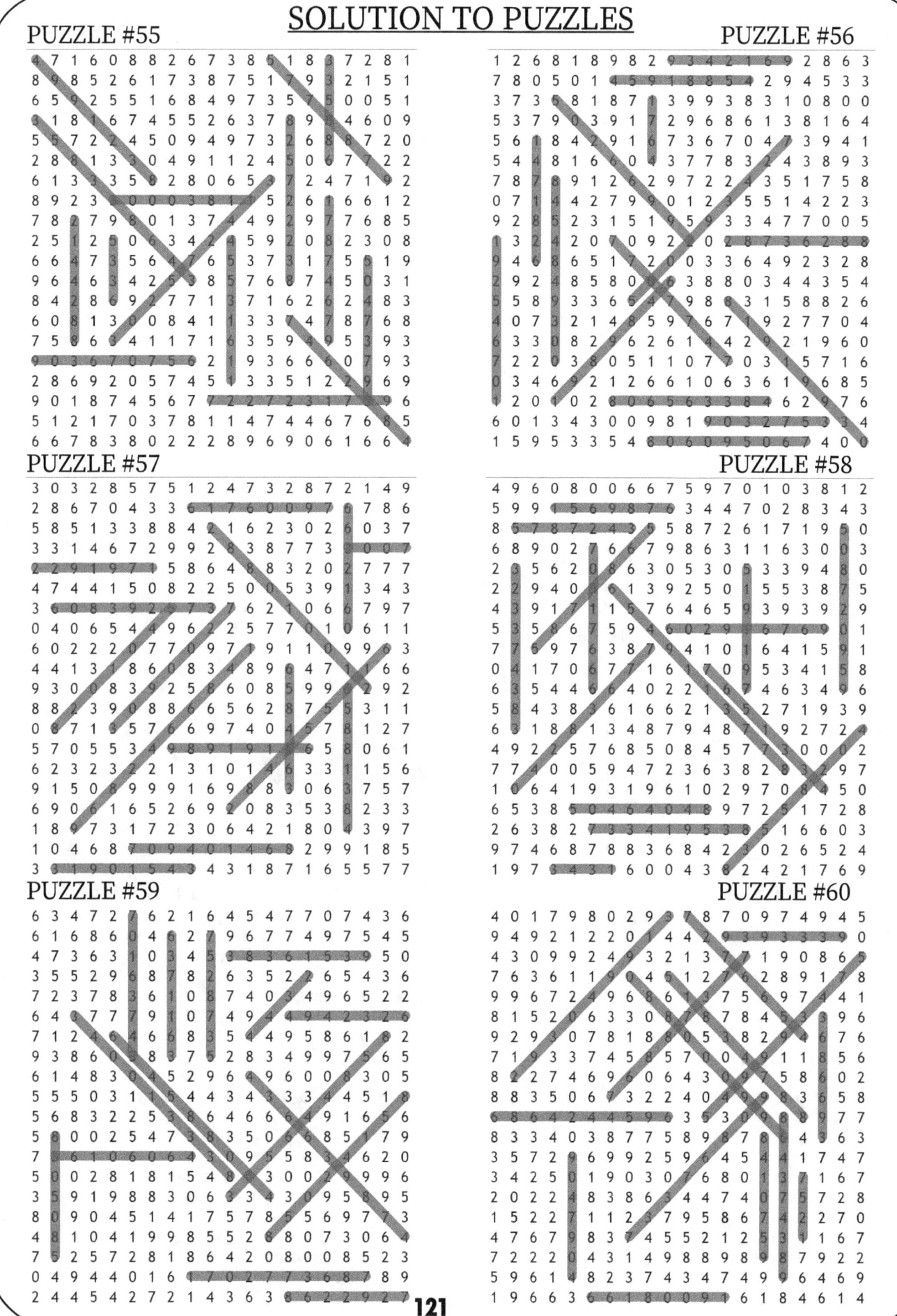

SOLUTION TO PUZZLES

SOLUTION TO PUZZLES

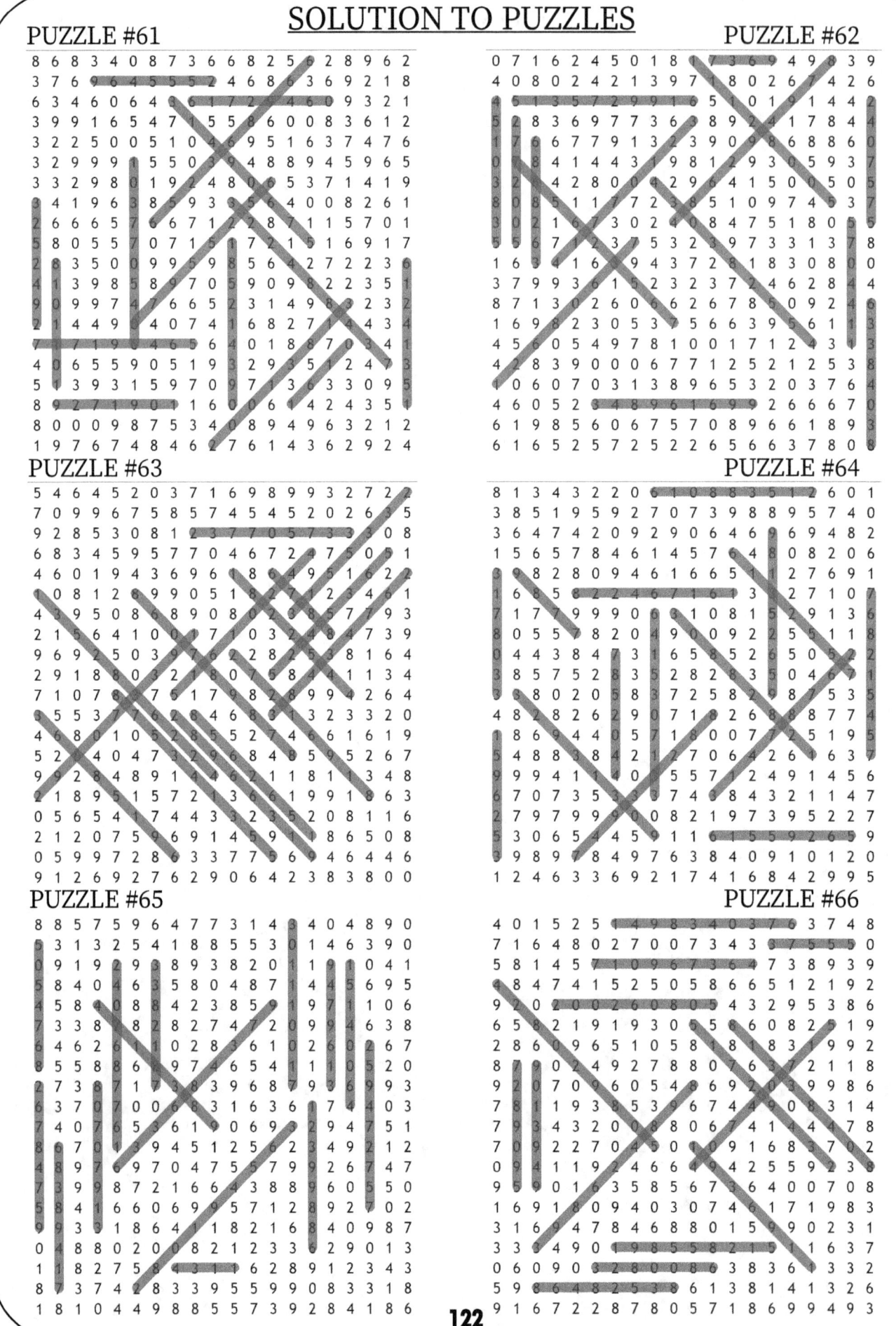

PUZZLE #61

```
8 6 8 3 4 0 8 7 3 6 6 8 2 5 6 2 8 9 6 2
3 7 6 9 6 4 5 5 5 2 4 6 8 3 6 9 2 1 8
6 3 4 6 0 6 4 5 6 1 7 2 4 6 0 9 3 2 1
3 9 9 1 6 5 4 7 1 5 5 6 0 0 8 3 6 1 2
3 2 2 5 0 0 5 1 0 9 5 1 6 3 7 4 7 6
3 2 9 9 9 1 5 5 0 4 8 8 9 4 5 9 6 5
3 3 2 9 8 0 1 9 2 9 4 8 0 6 5 3 7 1 4 1 9
3 4 1 9 6 3 8 5 9 3 3 5 6 4 0 0 8 2 6 1
2 6 6 6 5 7 6 6 7 1 2 8 7 1 1 5 7 0 1
5 8 0 5 5 7 0 7 1 5 1 5 1 6 9 1 7
2 8 3 5 0 0 9 9 8 5 6 4 2 7 2 2 3 6
4 1 3 9 8 5 8 7 0 5 9 0 9 8 2 2 3 5 1
9 0 9 9 7 4 7 6 6 5 2 3 1 4 6 9 3 4
2 1 4 4 9 4 0 7 4 1 6 8 2 7 1 4 3 4
7 7 1 9 6 4 5 6 4 0 1 8 7 0 7 1
4 0 6 5 5 9 0 5 1 9 3 9 3 5 1 2 4 7 3
5 1 3 9 3 1 5 9 7 0 9 7 3 6 3 3 0 9 5
8 9 2 7 1 9 0 1 6 0 9 1 4 2 4 3 5 1
8 0 0 0 9 8 7 5 3 4 0 8 9 4 9 6 3 2 1 2
1 9 7 6 7 4 8 4 6 2 7 6 1 4 3 6 2 9 2 4
```

PUZZLE #62

```
0 7 1 6 2 4 5 0 1 8 7 3 6 9 4 9 8 3 9
4 0 8 0 2 4 2 1 3 9 7 1 8 0 2 6 7 4 2 6
4 6 1 3 5 7 2 9 9 1 6 5 1 0 1 3 1 4 4 2
3 8 3 6 9 7 7 3 6 8 9 2 4 1 7 8 4 4
7 1 6 6 7 7 9 1 3 2 3 9 0 9 8 6 8 8 6 0
8 4 1 4 4 3 1 9 8 1 2 9 3 0 5 9 3 7
4 2 8 0 2 9 2 9 4 1 5 0 5 0 5
8 8 5 1 1 7 2 3 8 5 1 0 9 7 4 5 3 7
1 7 6 1 3 0 2 4 0 8 4 7 5 1 8 0 5 5
7 7 1 2 7 5 3 2 9 7 3 3 1 3 7 8
1 6 3 4 1 6 9 4 3 7 2 8 1 8 3 0 8 0 0
3 7 9 9 3 6 1 5 2 3 2 3 7 2 4 6 2 8 4 4
8 7 1 3 2 6 0 6 6 2 6 7 8 5 0 9 2 4
1 6 9 8 2 3 0 5 3 7 5 6 6 3 9 5 6 1 1 3
4 5 6 0 5 4 9 7 8 1 0 0 1 7 1 2 4 3 1 3
4 2 8 3 9 0 0 0 6 7 7 1 2 5 2 1 2 5 3 8
1 0 6 0 7 0 3 1 3 8 9 6 5 3 2 0 3 7 6 4
4 6 0 5 2 3 4 8 9 6 1 6 9 2 6 6 6 7 0
6 1 9 8 5 6 0 6 7 5 7 0 8 9 6 6 1 8 9 3
6 1 6 5 2 5 7 2 5 2 2 6 5 6 6 3 7 8 0 8
```

PUZZLE #63

```
5 4 6 4 5 2 0 3 7 1 6 9 8 9 9 3 2 7 2 2
7 0 9 9 6 7 5 8 5 7 4 5 4 5 2 0 2 6 5
9 2 8 5 3 0 8 1 2 3 7 7 0 5 7 3 3 0 8
6 8 3 4 5 9 5 7 5 7 0 4 6 7 2 4 0 5 1
4 6 0 1 9 4 3 6 9 0 5 1 8 4 9 5 1 2 2
1 0 8 1 2 8 9 9 0 5 1 8 2 1 2 4 6 1
4 3 9 5 0 8 6 3 9 0 8 1 4 6 9 1 7 9 3
2 1 6 4 1 0 1 7 1 0 3 2 4 9 8 4 7 3 9
9 6 2 9 5 0 3 9 8 3 2 8 5 2 3 8 1 6 4
2 9 1 8 2 2 8 1 8 0 7 5 8 4 4 1 1 3 4
7 1 0 7 6 8 2 8 9 9 4 1 9 4 2 6 4
3 5 5 3 7 1 6 8 1 3 2 3 3 2 0
4 6 6 0 1 0 5 2 4 5 2 9 1 6 1 9
5 2 4 0 4 2 3 2 8 5 9 5 2 6 7
9 2 3 4 8 9 1 4 4 2 1 1 8 1 3 4 8
2 1 8 9 5 1 5 7 2 1 5 4 6 1 9 9 1 6 3
0 5 6 5 4 1 7 4 4 3 2 5 2 0 8 1 1 6
2 1 2 0 7 5 9 6 9 1 4 5 9 1 8 6 5 0 8
0 5 9 9 7 2 8 6 3 3 3 7 7 5 4 6 4 4 6
9 1 2 6 9 2 7 6 2 9 0 6 4 2 3 8 3 8 0 0
```

PUZZLE #64

```
8 1 3 4 3 2 2 0 6 1 0 8 8 3 5 1 2 6 0 1
3 8 5 5 2 9 5 2 7 0 7 3 9 8 8 9 5 7 4 0
3 6 4 7 4 2 0 9 2 9 0 6 4 6 9 6 9 4 8 2
1 5 6 5 7 8 4 6 1 4 5 7 6 4 8 0 8 2 0 6
3 9 8 2 8 0 9 4 6 1 6 6 5 1 2 7 6 9 1
1 6 8 5 2 2 4 6 7 1 6 3 2 7 1 0 7
7 1 7 9 9 9 0 6 3 1 0 8 1 5 2 9 1 3 6
8 0 5 5 7 8 2 0 4 9 0 0 9 2 2 5 5 1 1 8
0 4 4 3 8 4 7 3 1 6 5 8 5 2 6 5 0 5 2 2
3 8 5 7 5 2 8 3 5 2 8 2 8 3 5 0 4 6 1 1
2 0 5 8 3 8 7 2 5 8 2 9 2 8 8 7 5 3 5
4 8 2 8 2 6 2 9 0 7 1 8 2 6 8 8 7 7 4
1 8 6 9 4 4 0 5 7 1 8 0 0 7 2 5 1 9 5
5 4 8 8 3 8 4 2 1 2 7 0 6 4 2 6 0 6 0 0
9 9 9 4 1 1 4 0 5 5 7 1 2 4 9 1 4 5 6
6 7 0 7 3 5 3 7 4 8 4 3 2 1 1 4 7
2 7 9 7 9 9 0 8 2 1 9 7 3 9 5 2 2 7
5 3 0 6 5 4 4 5 1 1 6 1 5 5 9 2 6 5 9
9 8 9 7 8 4 9 7 6 3 8 4 0 9 1 0 1 2 0
1 2 4 6 3 3 6 9 2 1 7 4 1 6 8 4 2 9 9 5
```

PUZZLE #65

```
8 8 5 7 5 9 6 4 7 7 3 1 4 3 4 0 4 8 9 0
5 3 1 3 2 5 4 1 8 8 5 5 3 0 1 4 6 3 9 0
0 9 1 9 2 9 3 8 9 3 8 2 0 1 9 1 0 4 1
5 8 4 0 4 6 3 5 8 0 4 8 7 1 4 5 6 9 5
4 5 8 4 0 8 4 2 3 5 8 9 1 9 7 1 1 0 6
7 3 3 8 8 2 8 7 2 9 0 3 9 9 4 6 3 8
6 4 6 2 6 1 1 0 2 8 3 6 1 0 2 6 0 2 6 7
8 5 5 8 8 2 6 3 4 7 8 6 3 5 1 5 2 0
2 7 3 8 7 1 7 3 3 9 6 8 7 9 3 7 4 0 3
6 3 7 0 7 0 0 6 3 1 3 6 1 4 9 4 9
7 4 0 5 3 0 5 9 0 6 9 7 1 3 5 5 0
8 0 7 0 1 3 9 4 5 1 2 5 4 2 4 9 2 1 2
3 6 9 7 0 7 3 0 9 9 9 2 6 7 4 7
8 4 7 1 6 6 0 6 9 9 5 7 1 2 8 5 0 5 5 0
5 8 1 8 6 4 1 1 4 2 1 8 2 1 6 4 0 9 8 7
0 4 8 8 0 2 0 8 2 1 2 3 6 2 9 0 1 3
1 1 8 2 7 5 8 1 1 6 2 8 9 1 2 3 4 3
8 7 3 7 4 2 8 3 4 5 5 9 9 0 8 3 3 1 8
1 8 1 0 4 4 9 8 8 5 5 7 3 0 6 6
```

PUZZLE #66

```
4 0 1 5 2 5 1 4 9 8 3 4 0 3 7 6 3 7 4 8
7 1 6 4 8 0 2 7 0 0 7 3 4 3 8 7 5 5 5 0
5 8 1 4 5 7 1 0 9 6 7 3 6 7 3 8 9 3 9
4 8 4 7 4 1 5 2 5 0 5 8 6 6 5 1 2 1 9 2
9 2 0 2 0 0 2 6 0 8 0 5 4 3 2 9 5 3 8 6
6 5 2 1 9 1 9 3 0 5 5 6 6 0 8 2 6 1 9
2 8 6 9 6 5 1 0 5 8 1 8 1 8 3 1 9 9 2
8 7 0 0 2 4 9 2 7 8 8 0 7 6 2 7 2 1 1 8
9 2 0 7 0 9 6 0 5 4 8 6 9 2 0 9 0 8 6
7 7 1 1 7 0 6 9 7 6 7 4 1 4 4 7 7 8
7 9 3 4 2 2 7 0 4 5 0 1 0 9 1 6 8 3 7 0 2
7 0 9 2 2 7 0 4 5 0 1 0 9 1 6 8 3 7 0 2
0 9 1 1 1 9 2 4 6 6 4 2 5 5 9 2 3 8
9 5 0 0 1 3 5 8 5 6 7 3 6 4 0 0 7 0 8
1 6 9 1 8 9 4 0 3 0 7 4 1 1 7 9 8 3
3 1 6 4 7 4 6 8 8 0 1 5 9 0 2 3 1
3 3 3 4 9 0 1 9 8 5 5 8 2 1 1 6 3 7
0 6 0 9 0 3 2 8 0 0 8 3 8 3 6 3 3 2
5 9 8 6 4 8 2 5 3 6 1 3 8 1 4 1 3 2 6
9 1 7 6 2 2 8 7 8 0 5 7 1 8 6 9 9 4 9 3
```

122

SOLUTION TO PUZZLES

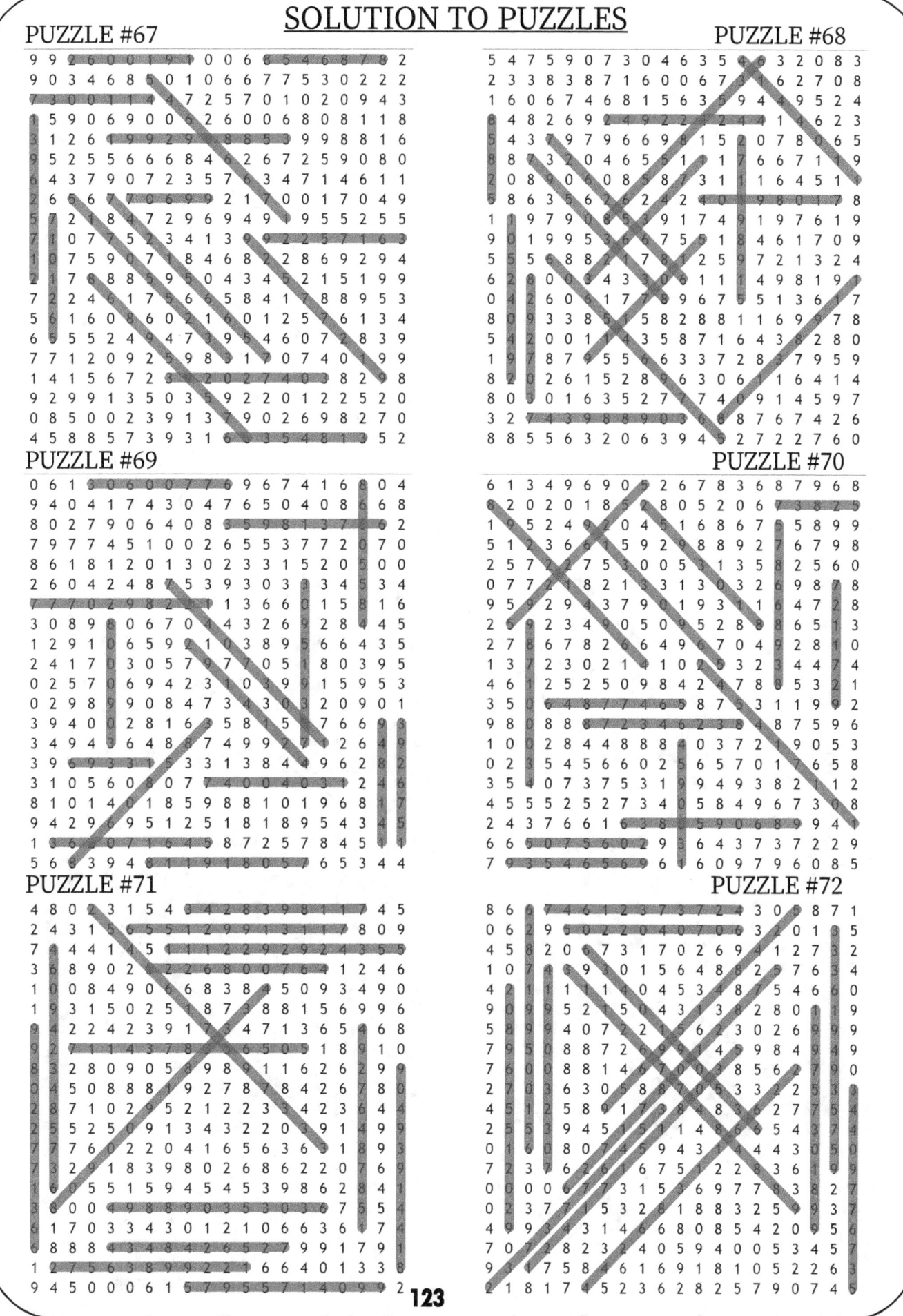

PUZZLE #67

PUZZLE #68

PUZZLE #69

PUZZLE #70

PUZZLE #71

PUZZLE #72

123

SOLUTION TO PUZZLES

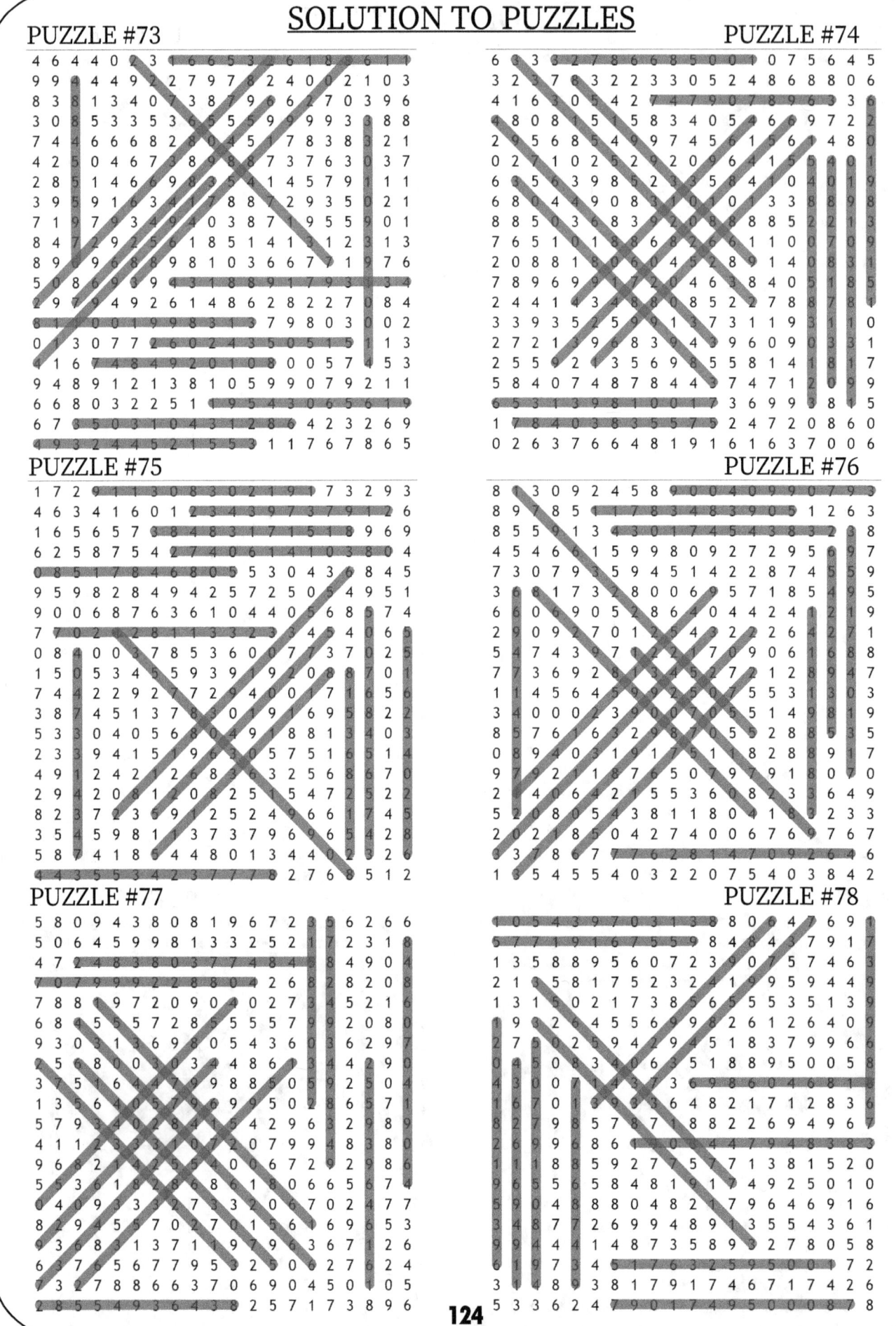

PUZZLE #73

PUZZLE #74

PUZZLE #75

PUZZLE #76

PUZZLE #77

PUZZLE #78

124

SOLUTION TO PUZZLES

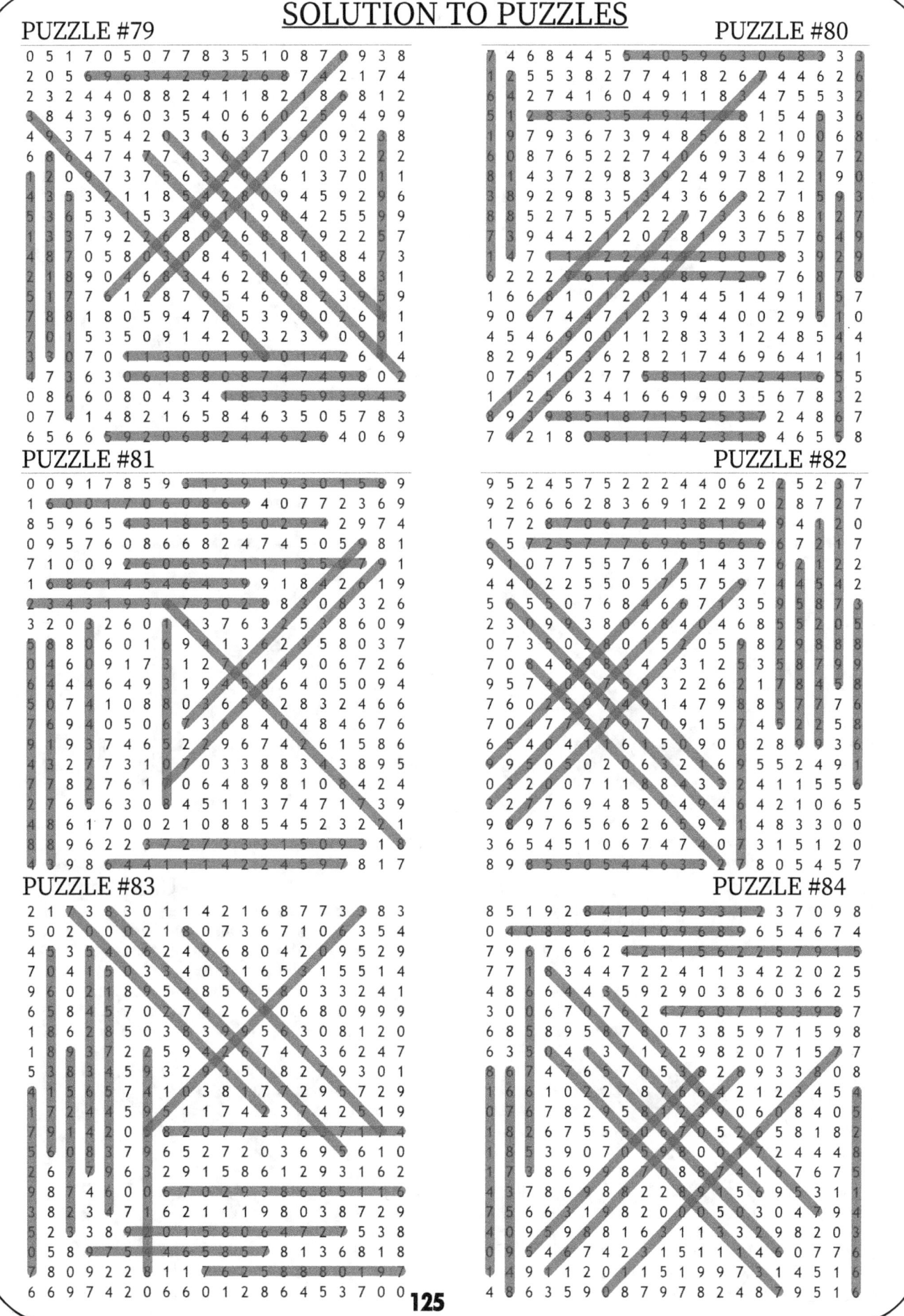

PUZZLE #79

PUZZLE #80

PUZZLE #81

PUZZLE #82

PUZZLE #83

PUZZLE #84

SOLUTION TO PUZZLES

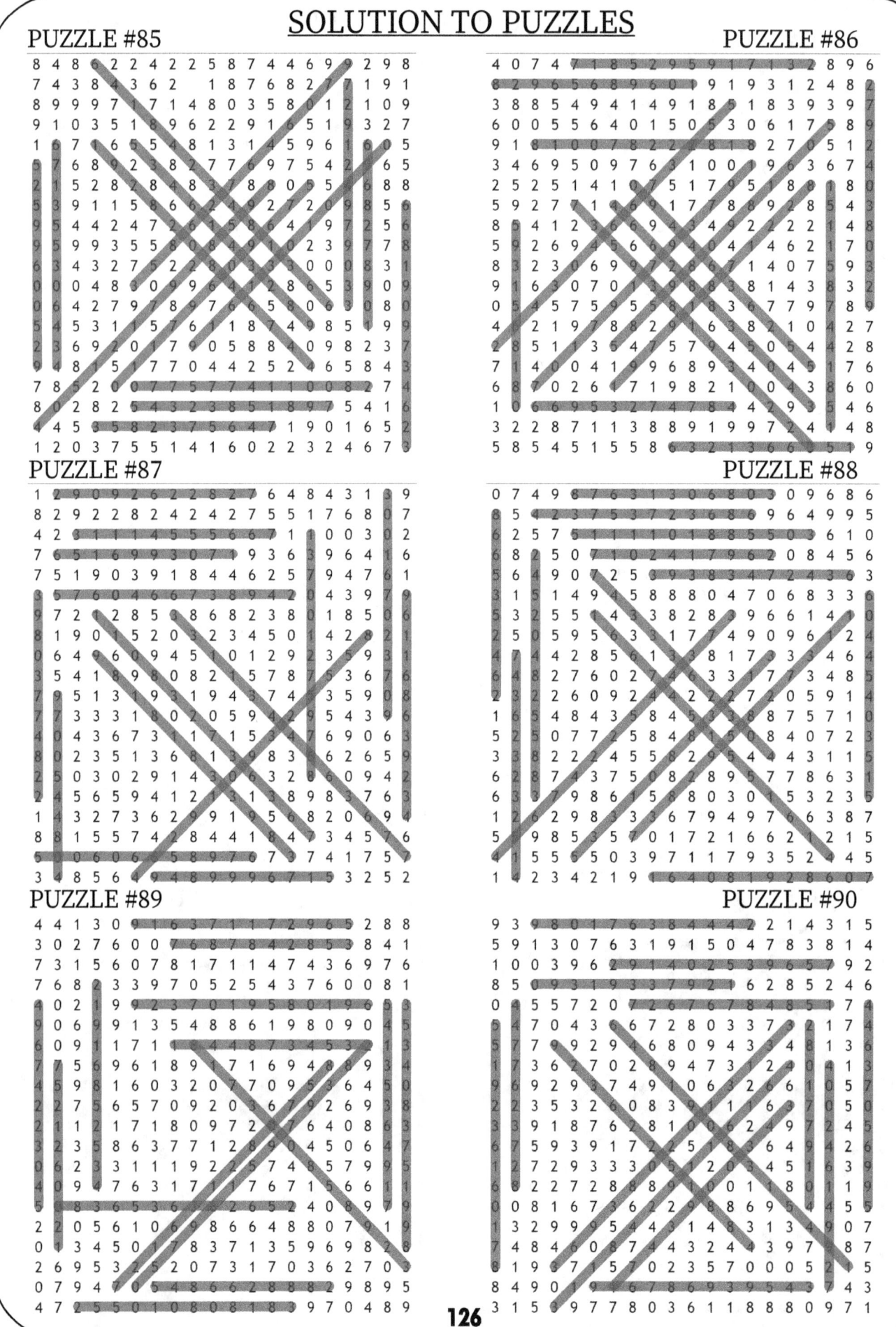

SOLUTION TO PUZZLES

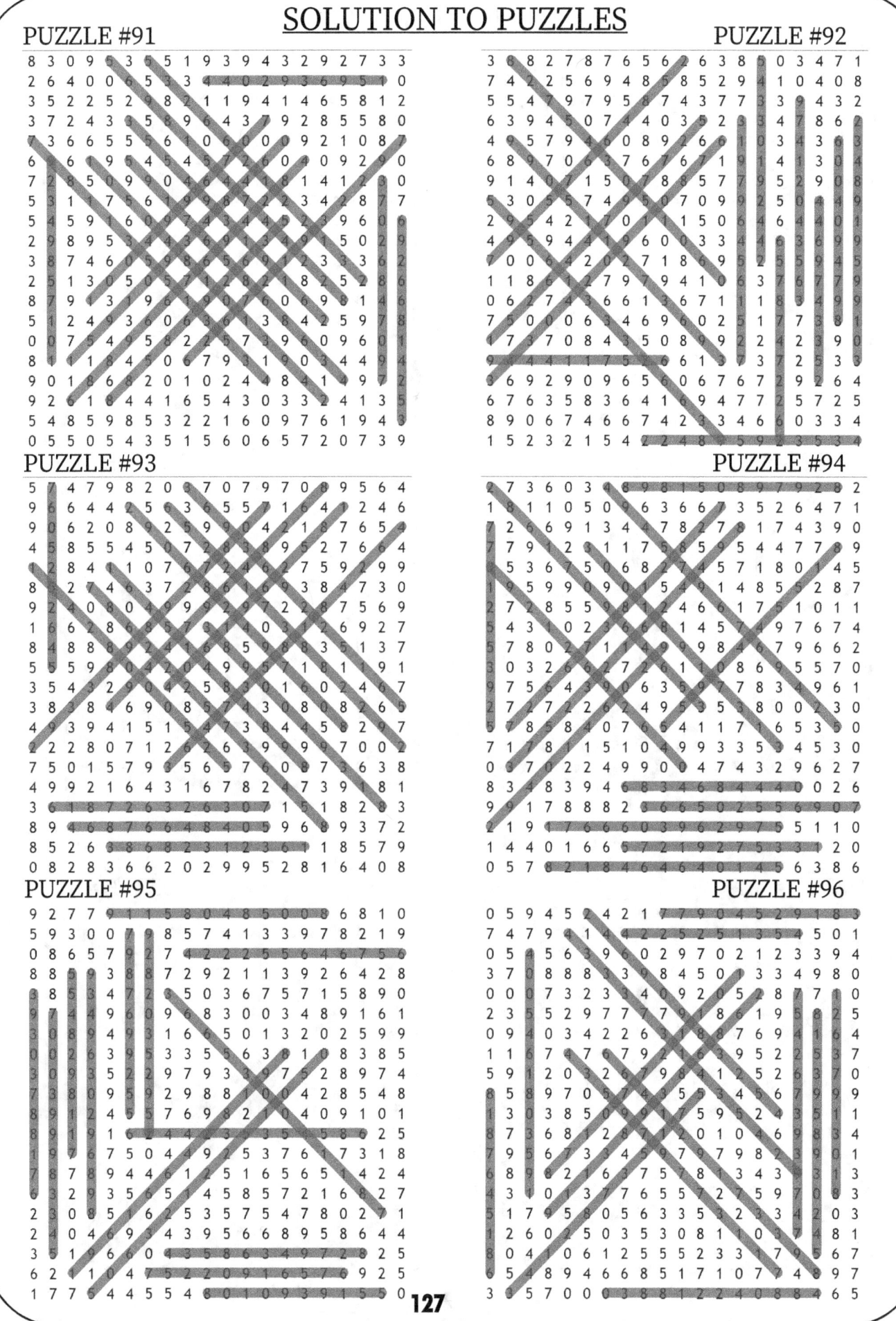

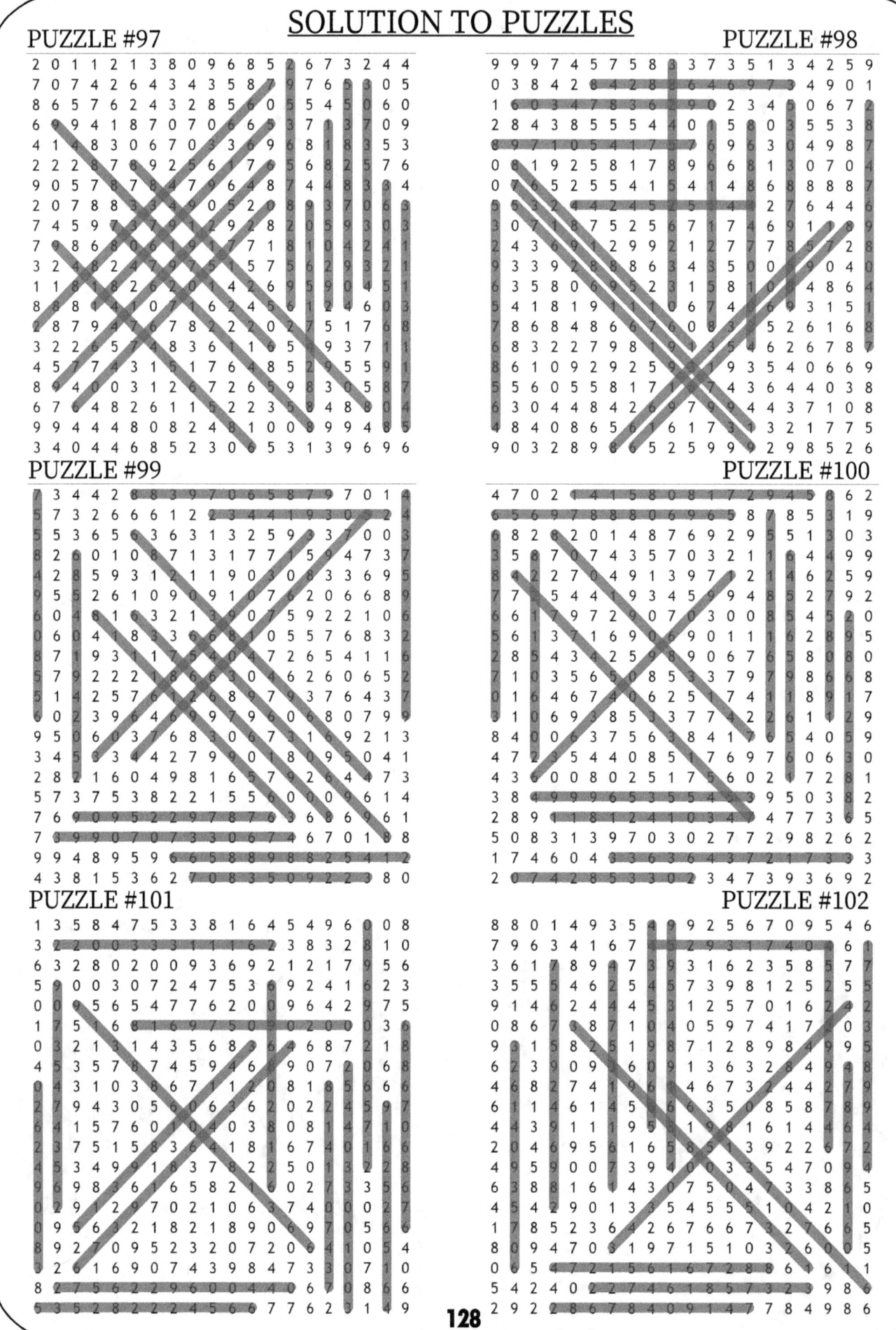

SOLUTION TO PUZZLES

128

SOLUTION TO PUZZLES

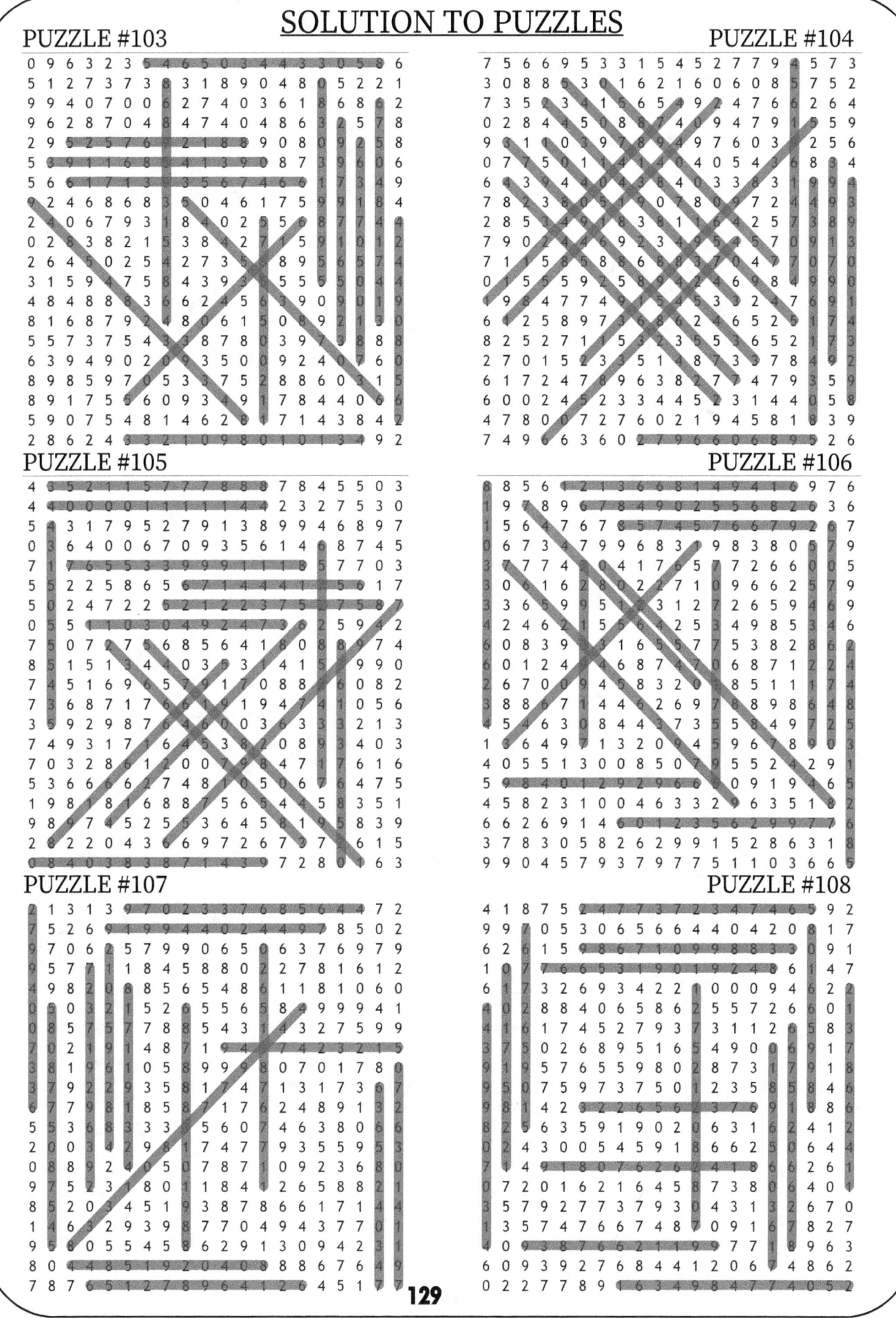

PUZZLE #103

PUZZLE #104

PUZZLE #105

PUZZLE #106

PUZZLE #107

PUZZLE #108

PUZZLE #109

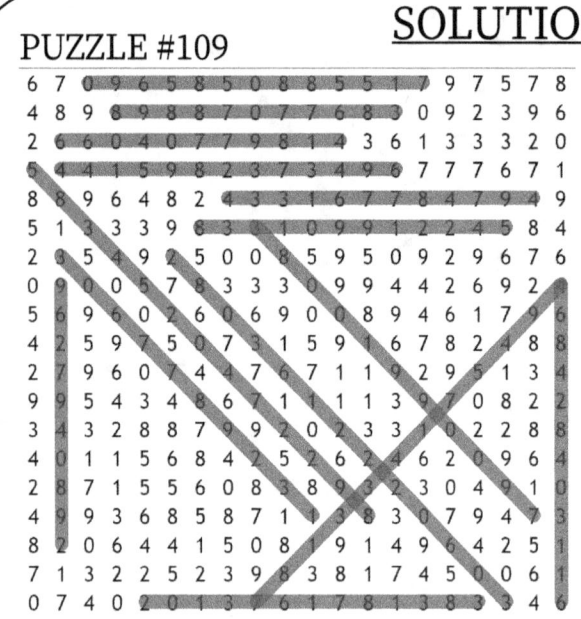

PUZZLE #110

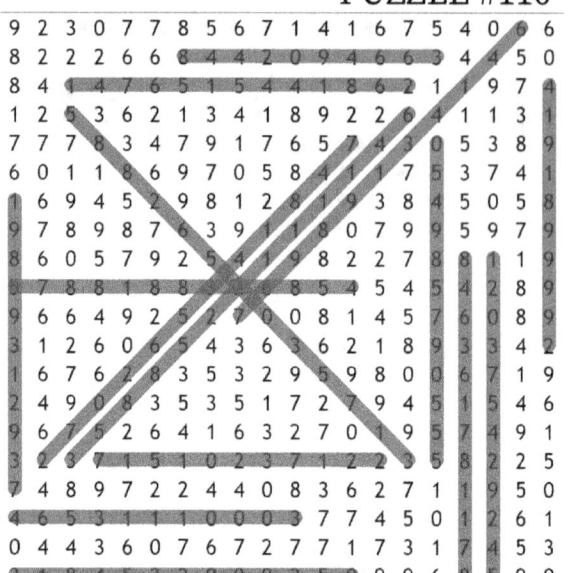

THE END

CHECK OUT FOR MORE OF OUR BOOKS AND DON'T FORGET TO LEAVE US A REVIEW IF YOU HAD A GREAT TIME.

ALSO CHELCK THE BACK COVER OF THIS BOOK FOR OTHER BOOKS THAT MIGHT INTEREST YOU.

GOODLUCK!

THANK YOU!!